果树嫁接技术图解

陈敬谊 主编

化学工业出版社

·北京·

图书在版编目（CIP）数据

果树嫁接技术图解/陈敬谊主编. —北京：化学工业出版社，2018.11 （2020.3重印）
ISBN 978-7-122-32947-9

Ⅰ.①果… Ⅱ.①陈… Ⅲ.①果树-嫁接-图解 Ⅳ.①S660.4-64

中国版本图书馆CIP数据核字（2018）第200903号

责任编辑：邵桂林　　　　装帧设计：韩　飞
责任校对：边　涛

出版发行：化学工业出版社
（北京市东城区青年湖南街13号　邮政编码100011）
印　　装：三河市延风印装有限公司
787mm×1092mm　1/32　印张6¼　字数50千字
2020年3月北京第1版第2次印刷

购书咨询：010-64518888　　售后服务：010-64518899
网　　址：http://www.cip.com.cn
凡购买本书，如有缺损质量问题，本社销售中心负责调换。

定　　价：35.00元　

编写人员名单

主　　编　陈敬谊

编写人员　陈敬谊　程福厚

贾永祥　赵志军

张纪英　刘艳芬

柳焕章　董印丽

前言
PREFACE

果树嫁接在苗木繁育、高接换优、提高树体抗性、调控树体长势、改良品种等方面有重要作用。砧木和接穗的亲和力、砧木与接穗的质量、嫁接时期、接口湿度、嫁接技术等很多因素影响嫁接成活率。果树嫁接技术包括芽接、枝接两大类，掌握这些关键技术是搞好嫁接的基础。但由于各果树树种生长发育的特性不同，不同树种嫁接时又有特殊的要求，因此掌握规范的果树嫁接技术，才能提高嫁接成活率，提高果树生产的经济效益。

为了更好地推广和应用果树嫁接技术，笔者结合多年教学、科研、生产实践经验，编写了《果树嫁接技术图解》一书。本书以图文结合的方式详细讲解了果树嫁接技术，力图做到先进、科学、实用，便于读者掌握，为果树优质丰产打下基础。

本书主要包括果树嫁接概念与作用、嫁接前准备、果树嫁接方法、主要果树嫁接技术要点等内容。本书内容实用，图文并茂，文字简练、通俗易懂，适合果树技术人员及果农使用。

由于笔者水平有限，加之时间仓促，疏漏和不妥之处在所难免，敬请广大读者指正。

编　者

2018年8月

目录
CONTENTS

第一章

果树嫁接概念与作用

第一节 果树嫁接有关概念

一、嫁接有关概念

1. 嫁接

是将植物的枝段或芽等器官，按照某种方式接到其他植株的枝、干、根等部位，利用植物组织的再生能力愈合在一起，形成一个新植株的无性繁殖方法。

通过这种方法产生的苗木称嫁接苗。在嫁接组合中，下面的部分通常形成根系，叫砧木；用作嫁接的枝或芽称接穗或接芽。

在嫁接时，接穗是枝条的，称为枝接；接穗是一个芽片的，称为芽接。

2. 实生砧木

利用种子播种繁殖的砧木为实生砧，实生砧木一般主根明显，根系发达，对土壤适应性强，固地性好，抗倒伏，多数不带病毒。但砧木苗性状变异较大，一致性差。

3. 营养系（无性系）砧木

指利用植株营养器官的一部分，通过扦插、分株、压条或组织培养等无性繁殖方法培养成的砧木。营养系砧木容易携带和传播多种病毒，但因是无性繁殖，后代性状变异少，能够保持母株的优良性状，砧木苗整齐度高。

4. 乔化（普通）砧木

嫁接果树品种后，生长不受影响，树体大小表现为该品种正常树高和冠径的砧木。乔化砧木根系发达，抗逆性强，固地性好，生长健壮，进入结果期较晚，如苹果的实生乔化砧木（如山定子、海棠等）和无性系乔化砧木（如M_{16}、M_{25}等）。

5. 矮化砧木

能使嫁接树体在树高和冠径方面变矮小的砧木。使用矮化砧木的树体矮小紧凑，适于密植，便于管理，结果早，品质好。

矮化砧木有自根砧和中间砧2种利用方式。自根砧多通过无性繁殖（扦插、分株、压条、组织培养等）的方法培育。矮化中间砧就是把矮化砧木嫁接到实生砧木上，然后再在矮化砧木上距嫁接口一定的距离（苹果矮化砧段一般要求25～30厘米）再嫁接栽培品种。用此方法培育的苗木称为矮化中间砧苗，矮化中间砧苗上实生砧木与栽培品种间的这段砧木叫矮化中间砧段。

6. 本砧（共砧）

用栽培品种的种子播种培育的砧木，用以嫁接栽培品种，这样的砧木称为本砧或共砧。苹果、梨、桃等用本砧嫁接繁殖的苗木生长表现不一致；对土壤适应能力差，易发生根部病害，耐涝性和抗寒性较差；结果后树势容易衰退，树龄和结果年限短，一般不宜在中生产中应用。但西洋梨常用冬香梨、安久梨、巴梨作共砧嫁接，枣、核桃、板栗等也常用本砧作砧木。

7. 基砧（根砧）

指培育中间砧苗木时承受中间砧的、带有根系的基部砧木。基砧有实生砧木和自根砧木2种。实生砧木繁殖容易，根系发达，抗逆性强，但砧木变异较大（无融合生殖实生砧除外）。自根砧苗木生长整齐，栽培性状稳定，但繁殖系数较低，育苗成本较高。

8. 接穗

用作嫁接的枝或芽称接穗或接芽。

9. 形成层

是枝、干、根上介于木质部

和韧皮部之间的一层薄壁细胞，具有活跃的细胞分生能力。经形成层细胞的分裂，向内不断产生木质部，向外产生韧皮部，使茎或根不断加粗。

10. 愈伤组织

植物受伤后，由于形成层细胞的分生，产生新生组织，逐渐把伤口包被起来，这种新生组织叫愈伤组织。嫁接时，由伤口（接口）先产生愈伤组织，然后接穗与砧木再生长在一起。

二、嫁接的作用

1. 保持品种的优良性状

用优良品种上的芽或枝，嫁接在有亲和力的砧木上，由接穗生长出来的地上植株，能够保持母本品种优良特性，遗传性能稳定。能够克服用种子繁殖的果树在外部形态、生长表现、产量、品质、果实成熟期和抗性等方面容易发生变异、性状良莠不齐的缺点。

2. 提高树体抗性

嫁接所用的砧木适应性强，能使嫁接品种适应不良环境，通过砧木对接穗的生理影响，提高嫁接苗的抗性，扩大栽培范围，如提高抗寒、抗旱、抗盐碱及抗病虫害的能力。例如，酸枣耐干旱、耐贫瘠，用它作砧木嫁接枣，就增加了枣适应贫瘠山地的能力；苹果嫁接在海棠上，可抗棉蚜。

3. 提早结果，实现早期丰产

嫁接树所采用的接穗，都是

从成年树上采取的枝和芽，已经具有较大的发育年龄，把它们嫁接在砧木上，成活后生长发育的阶段就缩短了，能早结果，且能丰产，见图1-1～图1-3。而用种子繁殖的树，即实生树，都有一个童期阶段，在这个阶段采取任何措施都不能人工诱导开花。果树童期的长短与树种的特性有关，如苹果实生树需6～8年才能结果，嫁接苗仅4～5年就能结果。核桃实生树需10年才能结果，而核桃嫁接苗当年嫁接，第二年就可结果。见图1-4、图1-5。

4. 促使果树矮化

果园多采用矮化密植栽培技术，使果树生长矮小、紧凑，便

图1-1 嫁接枣树丰产结果状

图1-2 嫁接石榴树丰产结果状

图1-3　嫁接梨树丰产结果状

图1-4　嫁接苹果树结果状

图1-5 嫁接核桃第二年结果状

于进行机械化生产管理，有利于提早丰产和提高果品的质量。利用矮化砧木进行嫁接，是促进果树矮化的重要手段。

5. 保护树体，改良品种

由于外部因素（如冻害、病

虫害、机械损伤等）致使树体地上部受伤（如树干受伤、缺枝、地上部树体死亡等），可以通过桥接、根接换头等嫁接技术，弥补受损部位，恢复树体。对表现不良的品种，可采用高接换头的方法进行品种改良。

第二节 嫁接愈合过程和影响嫁接成活的因素

一、嫁接愈合过程

接穗和砧木嫁接后能否成活的关键在于两者的组织是否愈合，而愈合的主要标志应该是维管组织系统的联接。嫁接成活，主要是依靠砧木和接穗之间的亲和力以及结合部位伤口周围的细胞生长、分裂和形成层的再生能力。形成层是介于木质部与韧皮部之间再生能力很强的形成层薄壁细胞（见图1-6）。在正常情况下，形成层薄壁细胞进行细胞分裂，向内形成木质部，向外形成韧皮部，使树木不断加粗生长，在树木受到创伤后，形成层薄壁细胞还具有形成愈伤组织、把伤口保护起来的功能。嫁接后砧木与接穗结合部位各自的形成层薄壁细胞进行分裂，形成愈伤组织，逐渐填满接合部位的空隙，使接穗与砧木的新生细胞紧密相接，形成共同的形成层。新的形成层细胞继续分裂，向外产生韧皮部，向内产生木质部，两个异质部分从此结合为一体。这样，由砧木根系从土壤中吸收水分和无机养分供给接穗。接穗的枝叶制造的有机物质输送给砧木，两者结合形成了一个能够独立生长发育的新个体。

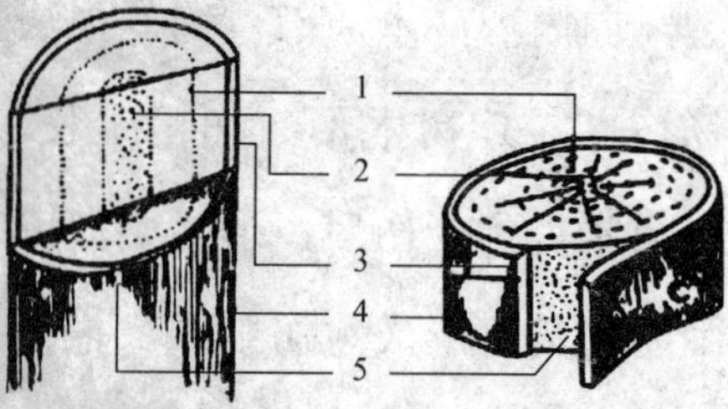

图1-6 枝的纵横切面

1—木质部；2—髓；3—韧皮部；
4—表皮；5—形成层
［苏金乐主编，《园林苗圃学（第2版）》，
中国农业出版社，2010］

嫁接方式主要有芽接和枝接两种。枝接时，砧木和接穗削面

的表面，由死细胞的残留物形成一层褐色的隔膜，之后由于愈伤激素的作用，使伤口周围的细胞生长和分裂，形成层细胞也加强活动，并使隔离膜破裂，形成愈合组织，砧木和接穗的愈合组织的薄壁细胞互相联接。愈合组织联接的快慢和隔离膜的厚薄以及砧木与接穗愈合组织产生速度的一致性有关。削面平滑，两者又是同时比较迅速地产生愈合组织，隔膜就薄，两者的愈合组织就会很快连接起来。由于愈合组织细胞进一步分化，将砧木与接穗的形成层连接起来，逐渐分化，向内形成新的木质部，向外形成新的韧皮部，将两者木质部的导管与韧皮部的筛管沟通起来，输导组织联通。愈合组织外部的细胞分化成新的栓皮细胞，与两者栓皮细胞相连，两者才真正愈合成活为一新植株。

芽接时，砧木接口皮层是从未分化成的木质部割离的，形成层整个留在拨开的皮层里边。在接芽插入不久，在切割部分的细胞成为一坏死层。紧接着约2天，从砧木木质射线开始产生愈合组织——薄壁细胞，并冲破坏死层。芽片的一些愈合组织薄壁细胞也以类似的方式冲破坏死层。当愈合组织进一步增生，就把芽片包围并就地固定。愈合组织几乎全部从砧木组织产生，从芽片产生极少。愈合组织的增生持续2～3周，直到内部空隙部分全被充满为止。随后接芽和砧木之间的形成层连接起来，愈合组织开始木质化并分化成各种管状组织，愈合组织在芽接后12周完全木质化。

除了根据树种遗传特性考虑亲和力外，嫁接成活的关键是接穗和砧木两者形成层的紧密接合，其接合面越大，越易成活。实践证明，要使两者的形成层紧密接合，嫁接时必须使它们之间的接触面平滑，形成层对齐、夹紧、绑牢。

二、影响嫁接成活的因素

1. 砧木和接穗的亲和力

砧木和接穗的亲和力是决定嫁接成活的主要因素。亲和力是指砧木和接穗嫁接后在内部组织结构、生理和遗传特性方面差异程度的大小。差异越大，亲和力越弱，嫁接成活的可能性越小。亲和力的强弱与植物亲缘关系的远近有关系。一般规律是亲缘关系越近，亲和力越强。同品种或同种间的嫁接亲和力最强，最容易成活。

亲和不良的表现为：植株矮化，生长势弱，叶早落，枯尖，嫁接口肿大，砧木和接穗粗细不一，接合处断裂，寿命短等。如苹果嫁接苗亲和力差形成“大脚”现象，见图1-7。

2. 砧木与接穗的质量

高质量砧穗，对嫁接成活和接后生长有良好作用，是提高嫁接成活率的重要保证。由于形成愈合组织需要一定的养分，所

图1-7　苹果嫁接苗亲和力差形成“大脚”现象

以凡是接穗与砧木储有较多养分的，一般也比较容易成活。生产中砧木生长健壮、粗度达标，接穗枝条充实、芽饱满、组织器官无异常表现，即为质量好的砧穗。在生长期间，砧木与接穗两者木质化程度愈高，在一般温、湿度条件下嫁接越容易成活。嫁接时宜选用生长充实的枝条作接穗，在一根接穗上也宜选用充实部位的芽或枝段进行嫁接。

春季嫁接，宜选用成熟度好、无冻害的一年生枝条作接穗。夏季苗木嫁接，应选用已停止生长、木质化程度高的新梢，并且要随剪随用，不能失水。

3. 嫁接时期

嫁接成败和气温、土温及砧木与接穗的活跃状态有密切的关系。根据生产实践，木质部和韧皮部容易分离的时期（俗称离皮），即每年从晚春、初夏至夏秋季节，嫁接成活率最高，此时形成层细胞分裂活动正处于最旺盛时期。

春接时用上一年的成熟枝条

做接穗，组织充实，温度、湿度适宜，形成层分裂旺盛，愈伤组织形成快，成活率高。但春季嫁接过早，温度较低，砧木形成层刚开始活动，愈合组织增生慢，嫁接不易愈合。据试验，苹果在0℃以下，愈合组织的形成很微小，即使在4℃左右，愈合组织的发育慢而微弱，而在5～32℃愈合组织的增生随着气温的增高而加快，超过32℃则变慢，而且会引起细胞的损伤，超40℃则愈伤组织死亡。

核桃嫁接后形成愈合组织的最适温度为26～29℃。葡萄室内嫁接后形成愈合组织的最适温度为24～27℃，超过29℃则形成的愈合组织柔嫩，栽植时易损坏，低于21℃愈合组织形成缓慢，而低于5℃则几乎停止形成愈合组织。因此控制温度可以促进或抑制愈合进程。

4. 接口湿度

切面愈伤组织产生和薄壁细胞分裂需要95%～100%相对空气湿度，以便在愈伤组织表面形成一层水膜，保护新生的薄壁细胞免受高温干旱伤害，促进愈伤组织大量形成和分化。为保证接口部位有高温、高湿微环境，砧木和接穗或芽片间能紧密接合，通常采用塑料薄膜带包扎，将砧穗紧紧固定在一起，提高嫁接成活率效果显著。但如果接口包扎不紧，培土不严，保持接口湿度不够，或过早去除绑缚物，都会影响成活。愈合组织的形成是通过细胞的分裂和生长来完成的，在这个过程中也需要氧气，尤其是对某些需氧较多的树种，如葡萄硬枝嫁接时，接口宜稀疏地加以绑缚，不需涂接蜡。凭借口膜内的水珠情况就可判断成活率的高低。若嫁接后几天接口膜内出现小水珠，表明湿度适宜，此时膜内相对湿度在90%～100%之间，处在形成愈伤组织所需的饱和湿度内，成活率高。如膜内无水珠出现，表明湿度过低，接穗易失水，愈伤组织形成慢而降低成活率。若有水从膜内沿砧木渗出，表示接口内湿度过大，成活率降低。

5. 土壤含水量

砧穗形成层活动和愈伤组织

形成必须在一定水分作用下进行。土壤含水量的多少直接影响到砧木的活动。土壤含水量适宜时，砧木形成层分生细胞活跃，愈伤组织愈合快，砧穗输导组织易连通。嫁接期间如果土壤干旱，砧木形成层活动滞缓，不利愈伤组织形成，嫁接不易成活。土壤水分过多，则会引起根系缺氧而降低分生组织的愈伤能力，同时易使剪口渍水，出现浸泡接口的现象，降低成活率。

6. 嫁接技术

嫁接过程中，需要对砧木和接穗进行相应切削，操作的熟练性，接穗切面的平滑度、长短，芽片大小与砧木处理的相似程度，砧木和接穗的接合程度，都会影响嫁接成活率。嫁接操作熟练、速度快、切口平滑、大小一致、绑缚严紧，可保证砧穗或芽片严实接合，减少接口水分蒸腾，防止砧穗切面单宁过多氧化形成较厚隔离层，使新生愈伤组织不易突破而影响愈合。否则会造成接口愈合不良，接穗品种发芽迟，长势弱，甚至从接口处脱落。嫁接时接口不对齐会造成愈伤组织增生，见图1-8。

7. 伤流、树胶、单宁物质的影响

有些根压大的果树，如葡萄，核桃等，春季土壤解冻、根系开始活动后，地上部有伤口的地方就开始出现伤流，直到展叶后才停止。因此春季在室外嫁接

图1-8 核桃嫁接时由于接口没对齐造成的愈伤组织增生状

核桃和葡萄时，接口处集中大量伤流，窒息切口处细胞的呼吸影响愈合组织的形成，在很大程度上降低了成活率。为此可采用夏季或秋季芽接或绿枝接，以避免伤流的产生。若一定要行春季枝接，可在接口以下、砧干近地面处砍几刀伤口，以免伤流集中在接口处而影响成活，同时嫁接后所培土堆应随时注意检查，如土堆过湿应及时换土。山东历城县采用核桃冬季室内嫁接，层积储藏后翌春栽植于圃地，克服了春季嫁接伤流影响成活问题，成活率达80%以上。

有些树种，如桃、杏嫁接时，往往因伤口流胶而窒息了切口面细胞的呼吸，妨碍愈合组织的产生而降低成活率，见图1-9。核桃、柿由于含有单宁较多，在砧穗削面切伤细胞内的单宁氧化缩合而成不溶于水的单宁复合物，它和细胞内的蛋白质接触而使蛋白质沉淀，呈现出原生质颗粒化，从而使削面形成的隔膜增

图1-9 桃树树干“流胶”

厚，因此愈合成活较困难。

8. 嫁接的极性

任何砧木和接穗都有形态上的顶端和基端。愈合组织最初都发生在基端部分，这种特性称为垂直极性。在常规嫁接时，接穗的形态基端应插入砧木的形态顶端部分，但根接时接穗的基端应插入根砧的基端。这种正确的极性关系对接口能成功地永久愈合成活是必要的。如桥接时将按穗倒接了，两头接口也能愈合并存活一段时期，但接穗不加粗，而极性正确嫁接的接穗则正常加粗。但根接时，接穗的基部应插入根砧的基部。

第二章

嫁接前准备

第一节

砧木

一、选择砧木的原则

砧木是果树生产的基础，直接影响接穗的生长和结果，正确选择砧木，可明显增强果树的抗逆性，实现早产、丰产、稳产、优质的栽培目标。不同类型的砧木对气候、土壤环境条件的适应能力，以及对接穗的影响都有明显差异。砧木选择时考虑以下几个方面。

① 砧木要与接穗有良好的亲和力。如用秋子梨或砂梨作砧木时，某些西洋梨品种的果实产生铁头病，而用杜梨、豆梨作

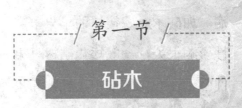

砧木则亲和性好，未见发生此病。如砧木对嫁接树的早果丰产性影响很大，一般矮化砧树早果性强；在乔化砧木中，杜梨和川梨作砧木时，嫁接树结果早、丰产，而褐梨作砧木时生长旺盛、结果较晚。

② 对接穗生长、结果有良好影响。如生长健壮、早结果、丰产、优质、长寿等。

③ 对栽培地区的环境适应能力强。选择适应性和抗逆性强的砧木，如抗寒、抗旱、抗涝、耐盐碱等。

④ 满足矮化、乔化、抗病等特殊要求。

⑤ 资源丰富，易于大量繁殖。

二、砧木培育方法

果树砧木苗的培育方法通常有实生繁殖和无性繁殖两大类。

实生繁殖即播种繁殖。播种育苗过程主要包括种子采集、干燥分级、种子储藏、种子处理、播种、苗期管理等环节。

根据砧木的繁殖方法不同，分为实生砧苗、营养系矮化砧苗和矮化中间砧苗的繁育。

1. 实生砧苗的培育

通过种子繁殖的砧苗，叫实生砧苗。

（1）种子的采集和保存　种子的质量关系到实生苗的长势和

合格率，是培养优良实生苗的重要环节。

① 采种母树的要求。用来培育砧木的种子必须采自品种纯正、砧木类型一致、生长健壮的无严重病虫害的母株，并必须在种子充分成熟时采收。

种子充分成熟的标准为：种皮完全变褐，有光泽，种仁洁白、饱满光亮。

② 种子的干燥、分级、储藏。果实采收后，先堆放7～8天，使果肉变软，种子充分后熟。果实堆的厚度以30厘米左右为宜。待果肉松软后，把果实搓破，用清水充分淘洗，冲净果肉、黏液、果皮，除去杂质，然后将洗净的种子在阴凉处阴干，精选、分级，装入布袋，放

在冷凉、干燥的通风处，妥善保存。

（2）种子的层积处理（沙藏） 用于冬播的成熟的苹果砧木种子，要求在一定低温（最适宜温度是3～5℃）、湿度和通气条件下，经过一定时间完成后熟过程之后才会发芽，即层积处理。实行秋播时，种子冬季在土中可以自然完成低温休眠，无需进行层积处理。

① 层积时期 一般层积时期为50～60天。苹果主要砧木种子层积所需天数见表2-1。

以种子完成低温休眠后适宜陆地播种的时间来确定层积开始的日期。如在我国华北中南部地区种子播种的时期为3月上旬，若使用的砧木种子为八棱海棠，层积开始的时期应为1月上旬。

表2-1 苹果主要砧木种子层积所需天数

种类	层积天数/天	种类	层积天数/天
山定子	30～50	河南海棠	30～40
楸子	60～80	湖北海棠	30～50
西府海棠	40～80	新疆野苹果	50～60

② 层积的方法

a. 种子的浸泡　将干燥的种子取出，放在清水中，浸泡12～24小时，捞去漂浮的秕种子。

b. 层积处理　取干净的河沙，用量为种子容积的5～10倍，沙子的湿度以手握成团不滴水，松手即散开为度。将浸泡过的种子和准备好的河沙混合均匀即可。

c. 层积地点或层积坑、沟　选择地势较高的背阴、通风处，坑的深度以放入种子后和当地的冻土层平齐为宜。层积种子的厚度不超过30厘米。种子量大时，可挖长方形的层积沟进行处理。沟宽50～60厘米，长度不限。沟深按当地冻土层的厚度加上层积种子的厚度（30厘米左右）计算。

（3）播种　原则上分秋播和春播。适宜的播种时期，应根据当地气候和土壤条件及种子的特性决定。

① 秋播　秋播省去了沙藏，种子在田间休眠。适于土壤墒情良好、冬季雨雪多的地区，这样种子在地里经过冬季自

然通过了后熟时期，次春可及早萌发出苗。河北南部10月下旬至11月上、中旬土壤冻结前播种最好。要求冬季必须温暖潮湿，北部比南部应提早半月最好。

② 春播　冬季严寒、干旱、风沙大，鸟、鼠害严重的地区，宜行春播。春播的种子必须经过沙藏。虽然沙藏费工，但出苗相当整齐。春播的时期一般在土壤开冻后。在我国中部地区一般3月上旬即行播种。华北地区一般在3月上、中旬春播即可，北京附近是3月下旬至4月上旬，依据是根据低温情况和该种生根时对低温的要求，如海棠生根要9～11℃，北京地区3月下旬5厘米以下土温是8.2℃，4月上旬

是11.2℃。

（4）田间管理　出苗后及时撤除地膜，中耕除草，浇水保墒，防治病虫害。当幼苗长出3～4片真叶时，及时间苗。

2. 营养系矮化砧苗的繁殖

营养系矮化砧有分株、扦插、压条繁殖3种。分株繁殖出苗少，扦插繁殖有一定困难，生产上多采用压条繁殖。压条繁殖是将未脱离母体的枝条埋土中，借助母体提供的养分，促使压入土中的部分生根，然后将其剪离母体成为独立砧苗的方法。压条繁殖有直立压条繁殖和水平压条繁殖两种。水平压条繁殖速度快，砧苗根系好，应用较普遍。

3. 营养系矮化中间砧苗的繁殖

以实生砧作基砧，其上加一段矮化砧并留有一定长度的枝条做中间砧，在中间砧上嫁接果树优良品质的接穗，长成苗木后称为矮化中间砧苗木。矮化中间砧苗具有实生砧抗逆性强和中间砧段矮化作用的双重效应。矮化中间砧苗的培育一般需2～3年时间。

三年出圃苗的培育方法是第一年在实生砧上，于秋季嫁接矮化砧接芽；第二年春正常剪砧，当矮砧芽梢长到30厘米以上时，于其上20～25厘米处芽接苹果品种，第三年春正常剪砧，秋季可成苗。

三、不同果树的砧木

1. 苹果的砧木

苹果的砧木分为乔化砧和矮化砧，乔化砧多采用实生繁殖，矮化砧通常采取无性繁殖。

（1）乔化砧　我国苹果栽培绝大多数是利用乔化砧的。我国苹果属植物资源丰富，原产我国的苹果属植物有23种。目前比较常用的优良砧木有山定子、楸子、西府海棠、湖北海棠、河南海棠、三叶海棠、陇东海棠以及花红、丽江山定子等。

① 山定子　别名山荆子、林荆子等。果实小，红或紫红

色，有涩味，种子小，每500克种子数8万～10万粒，在15℃的低温下沙藏30～50天即可完成后熟，播种后出苗率一般80%以上。山定子适应性较广，抗寒性很强，能抗-50℃以下的低温。耐瘠薄、不耐盐，在碱性土壤中容易发生黄叶病。

山定子幼苗初期生长缓慢，分枝力弱，根系生长良好，须根多。当年疏苗移植，加强管理，侧根及主根都能很快恢复生长，60%～80%的幼苗在当年秋季可进行芽接。

山定子芽接时容易剥皮，芽接的适期较长，与栽培品种嫁接亲和力强，成活率高。嫁接苗长势旺、结果早、早期产量高，适用于东北、西北、北京、天津、河北、山东和四川等省，是我国东北和河北常用的苹果砧木。

② 海棠果　海棠果又叫楸子，广泛分布在我国北方各省，在山东、河北、山西、陕西、甘肃、青海、河南等省多用作苹果的砧木，见图2-1。

海棠果种子较大，每500克种子1.5万～2.5万粒，通过种子后熟层积的时间较长，一般为60～80天。播种后当年生长健壮，分枝多，根系分布较深，良好管理的条件下播种当年可有90%以上达到芽接的粗度。

海棠果抗旱、耐涝、耐盐碱，比较抗寒，对苹果绵蚜和根

图2-1 海棠果

头癌肿病的抵抗力也较强。

海棠果与苹果的嫁接亲和力强，接后反应良好，植株上下部生长一致。用海棠果嫁接苹果有抗性强、适应性强、丰产等优点。

③ 西府海棠　西府海棠在

我国山东、河北、陕西等省分布广。河北省怀来县的八棱海棠为此种的代表品种。西府海棠具有抗旱、抗寒、抗病等优点。播种后幼苗生长健壮，在良好的栽培管理条件下，当年即可达到芽接的粗度。嫁接后植株上下生长一致，亲和性良好，树龄长，丰产。

④ 沙果　沙果又名花红，我国北方各省多有分布。沙果砧的苹果幼树比山荆子砧的苹果幼树抗涝、耐盐碱，抗旱力也较强。

沙果种子大，每500克约有种子1.3万粒，后熟需要60～80天，少于40天则发芽率很低。幼苗生长较矮，但枝条粗壮，侧根较多，播种当年即可达到芽接粗度。

⑤ 湖北海棠　湖北海棠主要分布在我国西南地区，以云南、贵州、四川、湖北等省最多，被广泛用作苹果的砧木。湖北海棠种子较小，每500克有种子4万～5万粒，种子后熟需要30～50天。植株喜温耐湿，生长强健，播种当年大部分可以达到芽接粗度。嫁接后，砧木与接穗生长一致，是我国西南地区苹果的良好砧木。

湖北海棠与苹果的嫁接亲和力因类型不同而有差异，如平邑甜茶亲和力强，泰山海棠亲和力差，嫁接后当年成活，但来年很少发芽。

我国常用苹果砧木及其特性见表2-2。

表2-2 我国常用苹果砧木及其特性

砧木	主要特性	适用地区
山定子	根系发达、抗寒、耐瘠薄，不耐盐碱，抗旱力比海棠果差	东北、山东等地
湖北海棠	喜温耐湿，抗寒、耐涝，砧苗整齐	东北、山东、河南、安徽
楸子	抗旱、抗涝、抗寒	西北、华北
八棱海棠	较抗旱、抗盐碱，耐寒耐涝	华北
小金海棠	半矮化，抗旱，耐盐碱	西南、华北
M_{26}	矮化，抗旱性差，耐寒	华北、山东、河南
MM_{106}	半矮化，早果，耐寒	华北、山东、陕西

（2）矮化砧　利用矮化砧木进行苹果集约栽培是当今世界苹果生产发展的方向。

① 利用矮化砧木栽培苹果的好处　树体小，树高度一般

2～3米，适于密植和便于生产管理（修剪、打药、采收）；结果早，定植后3年即可结果，单位面积产量高；果实着色好、品质优。

② 利用矮化砧木栽培苹果的缺点　许多砧木类型根系分布浅、易倒伏，定植后需要支柱。大多矮化砧无性繁殖生根困难，繁殖系数低。有些砧木颈腐病严重。土壤的适应性差，对土壤厚度、肥力和水力条件要求高。树体容易早衰，生命周期短。有些砧木抗寒性较差，在比较寒冷的地区越冬存在问题。集约栽培建园时苗木、支柱投入大等。

③ 我国应用的矮化砧　目前我国广泛应用的矮化砧主要

是从英国引入的M系和MM系。M_{26}、M_7、MM_{106}，M_4、M_9适合于我国苹果生产。

a. M_4 属半矮化砧，根多而粗，分布浅，多在30～50厘米土层中，耐湿，较耐瘠薄，抗旱，抗寒力中等，不抗盐碱，在地下水位较高地块栽植易倒伏和患黄叶病。压条繁殖生根较易。嫁接树3～4年始果，丰产，果实品质较好。

b. M_7 属半矮化砧，适应性广，较抗旱、抗寒和耐瘠薄，但不耐涝。抗花叶病。压条繁殖生根容易。嫁接树3～4年始果，丰产，果实品质得到提高。

c. MM_{106} 属半矮化砧，根系较发达，固地性强，较抗旱和抗寒，耐瘠薄。抗绵蚜，较抗病毒病，对颈腐病和白粉病敏感。压条繁殖生根容易，繁殖系数高。嫁接短枝型品种，3年生开花株率达90%，果实可溶性固形物也有一定提高。植株产量介于M_9和M_7嫁接树之间。

d. M_9　属矮化砧，嫁接树树体矮小，结果早，早期丰产。根系分布较浅，固地性差，易倒伏。不抗寒、不抗旱，耐盐碱，较耐湿。压条繁殖生根较困难，繁殖系数低。可用作自根砧或中间砧，但嫁接植株分别有“大脚”或“腰粗”现象。

e. M_{26}　属矮化砧，较抗寒，抗旱力较差。抗花叶病和白粉病，不抗绵蚜和颈腐病。压条繁殖生根较易，繁殖系数较高。适应范围广，是5种矮化砧中应用最多的一种，在陕西、山东、河北和黄河故道地区都有一定面积的应用。作自根砧嫁接树有“大脚”现象，作中间砧有“腰粗”现象。嫁接树矮化程度介于M_9和M_7嫁接树之间，比M_9嫁接树丰产，固地性强，比M_7嫁接树结果早。

④ 应用矮化砧注意事项

应用矮化砧木时，要充分考虑矮砧的适应性。矮化自根砧苹果一般根系较浅，对肥水要求比较严格。不同矮化砧木的适应区域不同，矮化砧木选择更加重要，务必选择肥水条件较好和无明显环境胁迫的最适区推广。在黄河古道、山西运城南部、陕西渭北南部等地，根据土壤肥力和灌溉条件可以选择M_{26}或M_9作为矮化中间砧，肥水条件好的区域，建议采用M_9与生长势较强的品种组合，如富士/M_9。也可以采用生长势强旺品种的短枝型或生长势中庸的品种与M_{26}的砧穗组合，如富士优良短/M_{26}、嘎拉/M_{26}。选择M_9时一定要设立简单支架，防止树冠偏斜；M_{26}砧木不发生抽条的地区，如河南灵宝坡地、山西运城中部及陕西渭北中部、山东烟台和青岛等地，建议选用M_{26}砧木。

河北、北京、陕西渭北北部、山西运城北部以北、甘肃陇东等地，选用SH系中矮化作用适中的砧木，如SH_6、SH_{38}等矮化砧木。寒冷地区，可以选择GM_{256}矮化砧木。

（3）矮化中间砧

① 利用矮化中间砧栽培苹果的特点　矮化中间砧是在实生基砧上嫁接一段矮化砧的枝段，然后再嫁接栽培品种。下端基砧一般为实生砧。利用矮化中间砧栽培苹果可以达到矮化树体、早果、优质、丰产的目的。

② 利用矮化中间砧建苹果园应注意的问题　要选用优质、特级或一级成品苗木；对建园园址土、肥、水条件要高；要保证有较高的管理技术；合理负载，控制大小年；要加强对病虫害的防治工作。

2. 梨树的砧木

当前，我国应用最多的砧木种类是杜梨及砂梨，以杜梨为最多。这些砧木适应性很强，根系发达，抗旱、抗涝、耐瘠薄，与多数品种梨接穗亲和力强，适时嫁接后成活率高达90%以上。

（1）杜梨

① 分布 野生于我国华北、西北各地，辽南以及湖北、江苏、安徽等地也有分布。

② 性状 乔木，枝为针枝，开张下垂，幼叶及嫩梢表面密生白色茸毛。果实褐色近球形，直径0.5～1厘米，有淡色斑点，萼片脱落。每千克种子2.8万～7万粒。

③ 特点 杜梨为我国应用最广泛的砧木，与栽培梨的亲和力均好，根系发达，须根多，生长旺，结果早，对土壤适应性较强，抗旱、耐涝、耐盐、耐碱、耐酸。与中国梨和西洋梨嫁接亲和力强，嫁接苗表现早结果、丰产。在北方表现好，为我国北方梨区的主要砧木，在南方表现不及砂梨、豆梨。

（2）砂梨

① 分布 野生于我国长江流域或珠江流域各省。

② 性状 乔木，嫩梢及幼叶初具灰白色茸毛。二年生枝条紫褐色或暗褐色。叶片宽大，果实近圆形，直径约3厘米，褐色，有灰白色果点，萼片脱落。

每千克种子2万～4万粒。

③ 特点　实生苗微有刺枝，分枝少，根系发达。耐高温、耐旱、抗火疫病能力均强，对腐烂病抗性较强，抗寒力较弱。适于偏酸性土壤和温暖潮湿的生态环境。多用作砂梨系统品种的砧木。

（3）豆梨

① 分布　野生于华东、华南各省。

② 性状　乔木，新梢褐色无毛，嫩叶及茎干红色。实生苗初期生长缓慢，枝细，分枝少，刺多，叶片3～5裂。果实球形，褐色，直径1厘米左右，萼片脱落，每千克种子8万～9万粒。

③ 特点　抗腐烂病能力极

强，耐涝、抗旱、较耐盐碱，适应黏土或酸性土壤，适于温暖湿润气候，抗寒力较差。与砂梨、白梨、西洋梨品种嫁接亲和力强，但主要作砂梨品种砧木。嫁接树比杜梨砧的树体矮化，根系也较浅。长江流域及以南地区广泛应用，适宜温暖多雨湿润气候。

（4）秋子梨

① 分布　分布于我国的东北、华北北部及西北一些省份。

② 性状　枝条黄褐色，平滑无刺。叶片光亮，单株间叶片大小不一，叶片具有刺毛状锯齿。果实黄色，球形，较小。每千克种子1.6万～2.8万粒。

③ 特点　秋子梨特别耐寒、耐旱，根系发达，适宜在山地生

长。东北、内蒙古、陕西、山西等寒地梨区广泛应用，但在温暖湿润的南方不适应。所嫁接的品种植株高大、寿命长、丰产，抗腐烂病，与西洋梨的亲和力较弱。为我国北部寒冷地区常用的梨树砧木。

（5）木梨

① 分布　木梨主要用于西北的甘肃、宁夏、青海。

② 特点　对腐烂病抵抗力较弱。

（6）矮化砧　木榅桲属矮化砧木常用的有榅桲A、榅桲C，一般与西洋梨亲和力较好，与东方梨亲和力差；梨属矮化砧木常用的有OH×F_{51}、极矮化砧木PDR_{54}、矮化砧木S_5、半矮化砧木S_2，与多数品种亲和力较好。

3. 桃的砧木

目前，我国广泛采用的桃树砧木是毛桃和山桃。

（1）毛桃　毛桃为我国南北方主要砧木之一，见图2-2。分布在西北、华北、西南等地。小乔木，嫁接亲和力强，根系发达，生长旺盛，有较强的抗旱性和耐寒力。适宜南北方的气候和土壤条件，我国桃产区各地广泛使用。用毛桃作砧木，生

图2-2　毛桃

长快，结果早，果实大，浆汁多，品质好，与嫁接品种的亲和力好。

（2）山桃 山桃为小乔木。树皮表面光滑，枝条细长，主根大而深，侧根少。适于干旱、冷凉气候，不适应南方高温、高湿气候。抗寒抗旱性强，耐涝性差，与栽培桃品种嫁接亲和力强，是我国东北、华北、西北地区主要的桃树砧木。

4. 杏的砧木

有山杏、东北杏、西伯利亚杏、本砧等。也有用李、樱桃、桃、梅作砧木的，但用桃做砧木的杏树易患烂根病，梅与杏亲和力弱，成活率低，耐寒力也差。

（1）山杏　耐干旱，忌潮湿，怕涝。山杏实生苗生长快，接杏成活率高，寿命长，对土壤适应性强，根癌病少。

（2）东北杏　抗寒性强，可提高抗旱和抗寒力，但偶有小脚现象。在内蒙古、东北等地多用作杏的砧木。

5. 核桃砧木

砧木种类有核桃、核桃楸、铁核桃、野核桃，一般我国北方采用实生核桃砧木。实生核桃（本砧）嫁接亲和力好，不耐盐碱，喜深厚土壤和充足的肥水。南方以野核桃和铁核桃为宜。

（1）实生核桃　有嫁接成活率高、愈合牢固、喜钙质和深厚土壤的特点，但不耐盐碱。

（2）核桃楸　核桃楸主要分布在我国的东北和华北一带，根系发达，适应性强，耐寒、耐旱和耐瘠薄，但嫁接成活率和成活后的保存率都不如核桃砧。

（3）铁核桃　嫁接铁核桃亲和力良好，耐湿热，但不抗寒。

（4）野核桃　野核桃主要分布在江西、江苏、浙江、湖北、四川、贵州、云南、甘肃和陕西等地，喜温暖，耐湿，嫁接亲和力良好，是适合当地环境条件的砧木。

6. 枣砧木

砧木有酸枣实生苗（见图2-3）和枣的根蘖苗，长江以南可用铜钱树作砧木。

图2-3 酸枣

种子的采集和处理：采集充分成熟的酸枣，机械破壳，筛出种仁，晒干备用。春季可不经任何处理直接播种。

7. 葡萄砧木

葡萄嫁接育苗是为了提高种

植品种的某些抗性和繁殖系数，将其嫁接在具有某些抗性的葡萄砧木品种上，增强自身抗性。先用适应性强、与栽培品种嫁接亲和力好的栽培葡萄品种或野生资源（如山葡萄）以扦插法繁殖，然后再在其上嫁接栽培品种。可利用当地适应性强的栽培品种作为砧木，如巨峰、龙眼、玫瑰香、贝达等。

8. 柿树砧木

常用的砧木有君迁子、野柿、油柿等。

（1）君迁子　又称黑枣、软枣或丁香枣等。君迁子结果量大，果实小，种子多，种子易采得。播种后发芽率高，苗木生长整齐健壮，当年即可嫁接，且根系发达、细根多、移栽后易成活、缓苗快、耐寒耐旱，为北方柿的良好砧木。

君迁子与涩柿嫁接亲和力强，与甜柿嫁接亲和力因品种不同而异。君迁子嫁接次郎、花御所、西村早生、甘百目等亲和力良好，表现嫁接成活率高，接口愈合好，嫁接苗栽植成活率高，发育正常，无死树现象。而嫁接富有、松本早生、伊豆、前川次郎、一木系次郎等品种有不亲和现象，表现嫁接成活率低，接口愈合和根系发育不良，接合部断裂现象严重，栽植成活率低，且陆续发生死树，栽后2年和7年植株保存率分别为66.7%和40%以下。

（2）实生柿　南方君迁子栽

培少，常采用一些果实小、品质差、种子多的栽培品种及野柿作为砧木。实生柿种子难获得，播种后发芽率低，生长慢。主根发达，侧根较少，嫁接后生长不旺，栽后成活较难，前两年生长缓慢。但其根系深，耐湿，适于温暖多雨地区生长。

9. 樱桃砧木

我国用作甜樱桃的砧木主要有如下几种。

（1）中国樱桃 通称小樱桃，是我国普遍采用的一种砧木。北自辽南，南到云、贵、川各省都有分布，以山东、江苏、安徽、浙江为多。

中国樱桃为小乔木或灌木，分蘖力极强，自花结实，适应性广，耐干旱，抗瘠薄，但不抗涝，根系较浅，须根发达。中国樱桃较抗根癌病，但病毒病较严重。目前生产上常用的有以下几种。

① 草樱桃　是山东省烟台市从中国樱桃中选育出的一种优良甜樱桃砧木。小乔木或丛状灌木，根的萌蘖力极强，易进行分株或扦插繁殖。草樱桃须根发达，适应性强，与多数甜樱桃嫁接亲和力强。嫁接植株长势健旺，丰产，高抗根癌病。适于沙壤或砾质壤土中生长，土壤黏重时嫁接部位易流胶。其根系分布浅，遇强风易倒伏。草樱桃砧木对根癌瘤有高度抗性。

草樱桃有两种：一种是大叶

草樱；另一种是小叶草樱。大叶草樱叶片小而厚，根系分布较深，须根较少，粗根多。嫁接甜樱桃后，固地性好，长势强，不易倒伏，抗逆性较强，寿命长，是甜樱桃的优良砧木。小叶草樱叶片小而薄，分枝多，根系浅，须根多，粗根少。嫁接甜樱桃后，固地性差，长势弱，易倒伏，而且抗逆性差，寿命短，不宜采用。

② 莱阳矮樱桃　树体矮小、紧凑，仅为普通型樱桃树冠大小的2/3。用莱阳矮樱桃嫁接甜樱桃，亲和力强，成活率高。一年生的嫁接苗生长量比较小，有明显的矮化性能，但随树龄增加，矮化效果不明显，且有小脚现象，有的果园树龄不大就已发现

有病毒病症状，能否广泛利用，尚需进一步观察。

③ 北京对樱桃　又名青肤樱、山豆子，在辽宁本溪、河北北部及山东昆嵛山区有野生分布，是辽宁旅大地区主要利用的砧木。用实生砧嫁接甜樱桃表现亲和力强、根系发达、抗寒性强、嫁接苗生长势旺，但易感染根癌病。

（2）毛把酸　是欧洲酸樱桃的一个品种。种子发芽率高，根系发达，固地性强，实生苗主根粗，细根少，须根少而短，与甜樱桃亲和力强。嫁接树生长健旺，树冠高大，属乔化砧木。丰产，长寿，不易倒伏，耐寒力强。但在黏性土壤上生长不良，且易感染根癌病。

（3）考脱　英国东茂林试验站推出的无性系砧木。嫁接甜樱桃4～5年内，树冠大小和普通砧木无明显差别，随树龄的增长，表现出矮化效应，其生长量与马扎德实生砧木相比要矮20%～30%，目前是欧美各国的主要甜樱桃砧木之一。

考脱砧木根系十分发达，侧根及须根生长量大，固地性强，较抗旱和耐涝。嫁接亲和力好，成活率高。缺点是不抗根癌病，在山东烟台有些地区根癌病比较严重，这和育苗时苗木带病以及土壤中有菌等因素有关。

四、嫁接前砧木的处理

当砧木达到嫁接粗度后，可根据不同树种的具体要求适期嫁接。接前要有针对性地采取一些管理措施。

1．去叶、除分枝

嫁接前去除砧木基部距地面10厘米以内的叶片和分枝，以方便嫁接操作。如嫁接后当年剪砧，需保留嫁接部位以下的叶片，有利于嫁接成活和接芽的生长。砧木上部有副梢时，需进行副梢摘心。

2．施肥灌水

嫁接前1周左右，适当施肥灌水，促进砧木旺盛生长，确保砧木水分代谢正常和形成层细胞活动旺盛。但核桃、葡萄、核果类等果树，嫁接前不宜灌溉，以免伤流过多或流胶，影响嫁接成活。

3. 断根处理

核桃苗木嫁接前采取断根措施，减少根系吸水，控制伤流。梨树实生砧的主根发达，侧根很少，播种当年秋季切断主根，促进侧根发育，有利栽植成活和幼树生长。

4. 高接树的处理

大树高接有多种形式，如主干高接、主枝高接、多头高接等。

进行主干高接前，在主干上选择树皮相对光滑处，将主干拦腰锯断。

若进行主枝高接，则按照树体中骨干枝的主从关系，选择中心干和几个主枝作为高接枝，根据枝干的长势、粗度、分枝等情况确定嫁接部位，在比嫁接部位略远处锯断中心干和主枝，嫁接时再准确锯到嫁接部位。其他不作为高接枝的大枝全部疏除。嫁接部位枝的直径在5厘米以下为宜，过粗不利于断面愈合，也不便于接后绑缚。

进行多头高接时，在原树形的基础上，按主从关系，分别对中心干、主枝、侧枝、大中型枝组等进行剪锯，留好接头。核桃树高接锯接头宜在嫁接前一周，目的在于放水，即让伤流流掉。伤流多时，还应在树干距地面10～20厘米处，螺旋状交错锯3～4个锯口，进行引流，锯口深入木质部稍许。

第二节

接穗的采集与保存

一、接穗采集的要求

① 母本树品种纯正、生长健壮，具备丰产、稳产、优质的性状，无危险性病虫害。

② 硬枝接穗或插条一般结合冬季修剪进行，见图2-4。嫩枝接穗在嫁接前，最好随采随用。

③ 采集树冠外围、中部的健壮发育枝，尽量避开树体各级枝头和树冠内徒长枝。

④ 接穗本身必须生长健壮

图2-4 结合冬季修剪采集苹果接穗

充实，芽体饱满，见图2-5。秋季芽接用当年生的发育枝，应能“离皮”，便于取接芽；春季枝接多用一年生的枝条。剪下接穗后（嫩枝接穗剪下后，立即剪掉叶片，留下1厘米左右的叶柄）每50～100根捆成1捆，拴好标

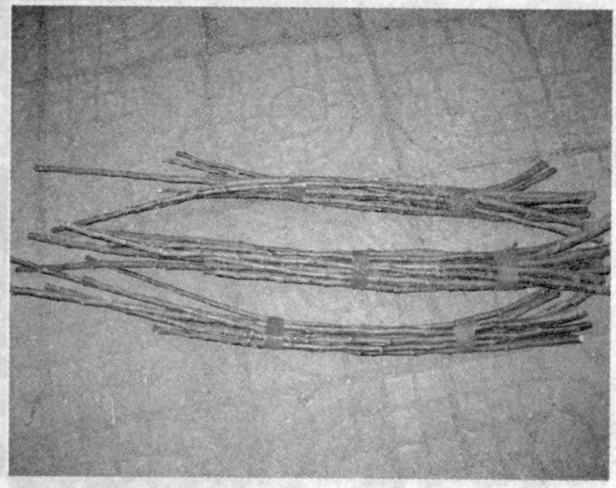

图2-5 采集好的苹果接穗

签、标记品种，以防混杂。

二、几种果树接穗的采集

1. 苹果、梨接穗的采集

（1）接穗的采集 接穗应从品种纯正、没有检疫对象、树体健壮、无病虫害、处盛果期的大树上选取。选树冠外围、生长正常、芽体饱满的新梢作接穗。要求粗度在0.6厘米以上，长度20厘米以上，剪去上部生长过嫩和基部瘪芽部分。

芽接用的接穗取自当年生新梢，枝接用的接穗也最好采自发育充实的1年生枝，不要选取其内膛枝、下垂枝及徒长枝作接穗。

夏季芽接时，采接穗后立即剪除叶片，防止水分蒸发，只保留0.3～0.4厘米的叶柄，同时接穗采好后注意保湿。

（2）嫁接方法　3月上旬播种砧木种子，8月上旬至9月中旬用“丁”字形芽接、带木质芽片嫁接。接后10～15天，检查成活情况。凡叶柄一碰即落就是成活芽，可随即解除绑缚物，以免影响砧木继续加粗生长。凡叶柄僵硬不易脱落者就是未成活芽，要及时进行补接。第二年春季萌芽前剪砧，未成活的用单芽腹枝接、带木质芽接、劈接进行补接，砧木离皮后可插皮接、带木质“丁”字形芽接。采用单芽腹枝接或带木质芽接等，可用地膜绑接口，接芽处只缠一层地膜，接芽萌动后可顶破地膜生长，苗木可晚解绑，避免解绑过早对苗木造成不利影响。

培育矮化中间砧苗木可以用分次嫁接或分段嫁接、二重接、双芽靠接等方法。培育苹果速生苗，应在6月初以前芽接，6月中旬前剪砧，促使接芽萌发。

注意事项：由于梨的芽体较大、隆起，进行“丁”字形芽接在取接穗芽时，用刀横切中部时略深些，切断部分木质部，接芽以稍带木质部为宜。

2. 桃、杏接穗的采集

接穗应从品种纯正、没有检疫对象、树体健壮、无病虫害、处盛果期的大树上选取。选树冠外围、生长正常、芽体饱满的新梢作接穗。芽接用的接穗取自当年生新梢，枝接用的接穗也最好采自发育充实的1年生枝，不要选取其内膛枝、下垂枝及徒长枝作接穗。夏季芽接时，采接穗后立即剪除叶片，以防止水分蒸发，只保留0.3～0.4厘米的叶柄，同时接穗采好后注意保湿。接穗最好长15厘米以上，粗0.5～0.8厘米，保证其上有10个左右饱满芽。冬季可结合桃树修剪收集接穗，保存接穗时要注意保湿和防止发生冻害。

3. 核桃接穗的采集

采穗母树应为生长健壮、无病虫害的优良品种。枝接穗条为长1米左右、粗1～1.5厘米的发育枝，枝条要求生长健壮、发育充实、髓心较小、芽子饱满、无病虫害。芽接所用的穗条应是木质化较好的当年发育枝，幼嫩新梢不宜作接穗。

硬枝嫁接所用的接穗，从核桃落叶后到翌春萌芽前均可进行采集。北方核桃抽条严重或枝条易受冻害的地区，以秋末冬初（11～12月）采集为宜。硬枝嫁接所用接穗，多采自树冠外围长1米、粗1～1.5厘米的发育枝，要求健壮充实，髓心较小，无病虫害。一般选取中下部发育充实的枝段作为枝接接穗。雄花枝和树冠内膛的细弱枝、徒长枝，都不能作接穗用。

芽接应选当年生的健壮发育枝或长果枝作接穗，采集后立即剪去复叶，保留1～2厘米长的叶柄。接穗中下部充实饱满的芽可用作接芽。上部芽的叶痕突起，芽片内部凹沟过深，不易与砧木密接，不宜用作“丁”字形芽接、方块芽接的接穗。芽接所用接穗在夏季随用随采。

核桃接穗的采集时期，因嫁接方法不同而异。硬枝嫁接所用的接穗，从核桃落叶后至翌年春萌芽前均可采集。因各个地区气候条件不同，采集的具体时间亦有所不同，冬季抽条严重和冬季及早春枝条易受冻害的地区，应在秋末冬初采穗；冬季抽条和寒害轻微的地区，可在春季萌芽前采集。芽接所用接穗多在夏季随用随采，如需短暂储藏或运输时，应采取保护措施，但储藏时间一般不超过5天。储藏时间越长，成活率越低。

4. 枣接穗的采集

接穗应在优良品种的健树上采集，采集接穗的母株要求无枣疯病。芽接用的接穗在当年生枣头上选取，采下后立即去掉叶片，留下叶柄。春季嫁接用的接穗1～2年生枣头最好，1～3年生健壮的二次枝也可，不选内膛徒长枝。一般结合冬剪采集接穗。

5. 葡萄接穗的采集

硬枝接选用成熟良好的节间短、节部膨大、粗壮、较圆的1年生枝蔓作为接穗，粗度以0.5～1.5厘米为宜。要求枝蔓髓心小、不超过枝条横截面的1/3，横隔为绿色，且表现出品种特有色泽的枝蔓。

嫩枝接选用半木质化的新梢（或副梢）作为接穗。在新梢或副梢上，选取从幼叶直径为成龄叶直径的1/3处至近成龄叶这段半木质化的新梢枝段。枝条不能过嫩，以能削成楔形并顺利插入砧木为宜，也不能成熟过老，以削面髓心略见一点白，其余部分呈鲜绿色，木质部和皮层界线很难分清为好。若木质部呈白色，可明显分清白色的木质部和绿色的皮层，表明其半木质化稍过，不宜作嫩枝接的接穗，但可用作芽接的接穗。

芽接的接穗选用着生较小副梢节位上的芽，以免芽片上有较大的孔洞，影响成活。采下的接穗只留1.5厘米长的叶柄，并在清水中浸泡1小时，以利于取芽。

采集接穗前5～7天需对采穗新梢轻轻打去先端小嫩尖，以促进嫩梢半木质化。

6. 柿树接穗的采集

选择树势强健、品种准确、果形端正、丰产优质、无病虫害的成柿树作为采穗母株。春季用的接穗，在休眠期间均可采集。为缩短接穗储存时间，确保接穗新鲜，也可于萌芽前采集，即在采穗母株上选择生长充实、芽饱满、无病虫害的发育枝中段作接穗，在冷凉处用潮润河沙埋好储存备用。

为减少水分蒸发，保持接穗新鲜，提高嫁接成活率，接穗采集后可进行蜡封保存。接穗蜡封前应根据需要进行剪截，如用于切腹接、劈接和皮下接的接穗，可剪留3～4个芽为一段，上芽距剪口1～1.5厘米，下芽距下端2厘米；用于芽接的接穗剪留长度要长些，以便于握条取芽为准。之后蜡封，可确保在嫁接时枝接的上芽剪口、芽接的接芽都完好地处于蜡封状态。

夏季芽接，可选择由绿变褐、生长粗壮、充实的当年生枝中部饱满的芽作接芽，最好随采随接，不可久储，必要时可将接穗插在水中，能存放1～2天。接穗采集后立即剪除叶片，仅保留叶柄，注意防晒、保湿、降温。

7. 樱桃接穗的采集

可在萌芽前1个月进行，选择生长健壮、优质丰产、适应性强、无病虫害的结果枝和发育枝，以树冠外围充实粗壮的枝条最好。

采后蜡封，蜡封后按品种捆好，低温5～8℃储藏，随用随取。

三、接穗保存

接穗最好就近采集，随采随接。外运的接穗，及时去掉叶片的同时可用潮湿的棉布或塑料布包裹，防止失水，挂好品种标签，标明品种、数量、采集时间和地点，运到目的地后，即开包浸水，放置于阴凉处，最好开空调调节温度或培以湿沙。

冬季可结合苹果树修剪收集接穗，注意保存接穗时要注意保湿和防止发生冻害。

春季嫁接用的接穗，可结合冬季修剪作采集，采下后要立即修整成捆，挂上标签标明品种、数量，用沟藏法埋于湿沙中储存起来，可先在沟底部铺5～10

厘米的湿沙，将接穗捆适当放松后水平或垂直摆放，灌添细河沙；水平放置时需一层种条一层河沙，最后使沙子高出种条30厘米左右。

少量接穗可蜡封后放在冰箱中。采用蜡封接穗的方法，操作简便，接穗保湿性好，可显著提高嫁接成活率。

生长季进行嫁接（芽接或绿枝接）用的接穗，采下后要立即剪除叶片和梢端幼嫩部分，保留叶柄，以减少水分蒸发。并立即用湿麻袋或湿布包好，随用随采。短时间存放的接穗，可以插泡在水盆里。如果量少，也可用湿毛巾包裹，放在温度较低的背阴处保存，每天用清水冲洗数次。一般可保存7天左右。

以核桃接穗保存为例说明如下：采集的核桃接穗应妥善保存，防止储藏过程中接穗水分损失。

核桃硬枝嫁接所用接穗：长途运输一定要在气温较低且接穗萌动前进行，并要保湿运输。接穗越冬储藏，可在背阴处挖宽1.5～2米、深80厘米的储藏沟，也可利用土窖、窑洞、冷库等储藏，储藏的最适温度是0～5℃，最高不能超过8℃。将标明品种的接穗平放在沟内，接穗的堆放厚度不宜太厚。30根和50根的小捆每放一层，中间要加10厘米左右的湿沙或湿土；最上一层接穗上面要覆盖20厘米的湿沙或湿土。为了保持土壤或沙子的湿度，接穗放好后，需要浇一次透水。冬季采集的硬枝接穗不要剪截，也不要进行蜡封，否则会因水分损失而影响嫁成活。

核桃芽接接穗：嫁接时气温高，保鲜非常重要，否则会降低嫁接成活率。嫁接处有接穗的，采下接穗后，立即使用，以防失水；嫁接处没有接穗的，要用塑料膜包好，要通风，不可密封，里面放些湿锯末。运到嫁接地时，及时打开塑料膜，放在潮湿背阴处，并经常洒水保湿。有条件的地方最好放在冷库中。

核桃枝接用接穗嫁接前要进行剪截与蜡封等处理。室内嫁接所用接穗一般长13厘米左右，有1～2个饱满芽；室外枝接一般长16厘米左右，有2～3个饱满芽。剪截时顶部第一芽一定要完整、饱满、无病虫害，顶端第一芽距离剪口1.5厘米以上。核桃枝条的梢段一般不充实，木质疏松、髓心大，剪截时应去掉。

核桃枝条结构特殊，有中空的髓心，并有伤流现象，枝接一般不采用劈接，可采用双舌接、插皮接和插皮舌接，多采用插皮舌接，但枝接成活率不像苹果、梨等那样能达到95%以上，技术高的熟练工嫁接成活率也就70%。芽接主要采用方块形芽接，成活率可以达到95%以上，简便易行。

四、接穗封蜡

为减少水分蒸发，保持接穗新鲜，提高嫁接成活率，接穗采集后可进行蜡封保存。接穗蜡封前应根据需要进行剪截，如用于切腹接、劈接和皮下接的接穗，可剪留3～4个芽为一段，上芽距剪口1～1.5厘米，下芽距下端2厘米；用于芽接的接穗剪留长度要长些，以便于握条取芽为准。之后蜡封，可确保在嫁接时枝接的上芽剪口、芽接的接芽都完好地处于蜡封状态。

蜡封接穗过程见图2-6～图2-10。蜡封时首先将接穗充分吸水，洗干净后晾干，逐个将接穗的一头插入事先准备好的熔化的石蜡液中，然后迅速抽出，再将另一头插入，用同样的方法处理。两次蘸蜡应覆盖整个接穗，不留空隙。蜡液温度保持在90～95℃，将每个接穗表面蘸一层薄薄的石蜡，冷却后放于阴凉处，用湿沙埋好储存备用。注意蘸蜡时接穗上不能有尘土或水，否则会降低石蜡在接穗上的附着力。石蜡温度过高会烫伤接穗，过低接穗上附着的石蜡太厚容易脱落，蘸蜡动作要迅速。

图2-6 剪好接穗备用图

图2-7 熔化石蜡

图2-8 接穗蘸入石蜡

图2-9 另一头接穗蘸入石蜡

图2-10 封蜡好的接穗

五、接穗运输

异地引种的接穗必须做好储运工作。蜡封接穗，可直接运输，不必经特殊包装。未蜡封的接穗及芽接、绿枝接的接穗或常绿果树接穗要保湿运输，应严防日晒、雨淋。夏秋高温期最好能冷藏运输，途中要注意检查湿度和通气状况。接穗运到后，要立即打开检查，安排嫁接和储藏。

第三节 嫁接时期

一、枝接时期

枝接一般在早春树液开始流动、芽尚未萌动时为宜。北方落叶树在3月下旬至5月上旬。南方落叶树在2～4月；常绿树在早春发芽前及每次枝梢老熟后均可进行。北方落叶树在夏季也可用嫩枝进行枝接。冬季也可在室内进行根接。

二、芽接时期

芽接可在春、夏、秋3季进行，以夏、秋季为主。一般芽接要求砧木和接穗离皮（指木质部与韧皮部易分离），且接穗芽体充实饱满时进行为宜。落叶树在7～9月份，常绿树9～11月份进行。当砧木和接穗都不离皮时采用嵌芽接法。

第四节 嫁接工具

果树嫁接工具主要有嫁接

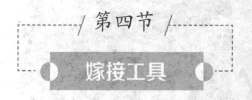

刀、手锯、塑料绑条、热蜡容器、石蜡、水瓶等、磨石等，见图2-11～图2-15。

图2-11 嫁接刀

图2-12 修枝剪

图2-13　手锯

图2-14　磨石

图2-15　塑料绑条

第三章

果树嫁接方法

第一节

芽接

芽接是用一个芽片作接穗。优点是操作方便，嫁接速度快、效率高。砧木和接穗的利用比较经济，当年生砧木苗即可嫁接，而且容易愈合，接合牢固，成活率高，成苗快，适合于大量繁殖苗木。芽接的适宜时期长，且嫁接当时不剪断砧木，一次接不活，还可进行补接。

芽接时期因地区不同稍有差异。河南、山东、安徽、江苏等省的黄河故道地区，一般从6月上旬即可开始芽接，一直可持续到9月上旬，但以7月下旬至8月中旬芽接最好。

一、"T"字形芽接

芽接时先削取芽片，再切割砧木，然后取下芽片插入砧木接口，及时绑缚。芽接多采用"T"字形芽接法，见图3-1。

图3-1 "T"字形芽接

1—削取芽片；2—取下的芽片；3—插入芽片；4—绑缚

在接穗中段选取充实饱满的芽子。削取接芽时，在接穗芽子上端0.4～0.5厘米处横向切一刀，深达木质部，再在接芽的下方1～1.5厘米处由浅至深向上推，削到横向刀口时，深度约0.3厘米，剥取盾状芽片；然后在砧木距地面5～10厘米处选择光滑部位用芽接刀切开1厘米长的横口，深达木质部，然后在横口中央向下切2厘米长的竖口，成“T”字形，再用刀尖轻轻剥开两边的皮层，将削好的芽片插入砧木的接口内，使芽片上端与砧木横向切口紧密相接，用宽1厘米左右的薄的塑料薄膜绑缚严密，只露出叶柄。

接后10～15天，检查成活

情况。凡叶柄一碰即落就是成活芽，可随即解除绑缚物，以免影响砧木继续加粗生长。凡叶柄僵硬不易脱落者就是未成活芽，要及时进行补接。

二、方块芽接

方块芽接（图3-2），此法成活率高，成活率可达90％以上，各地应用较多。

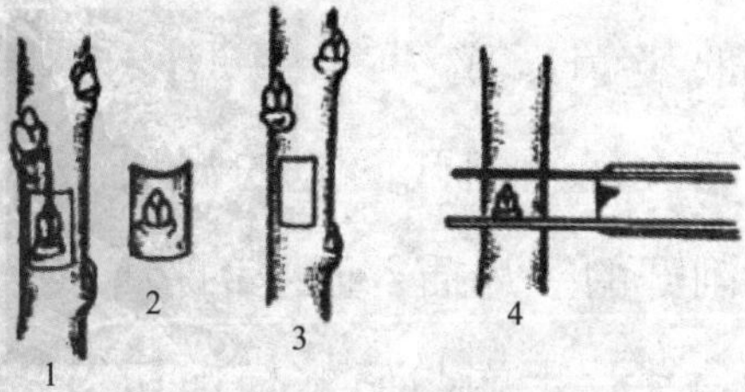

图3-2 方块芽接

1—削芽片；2—取下的芽片；3—砧木切口；4—双刀片取芽片

方块芽接操作要点，见

图3-3 ～图3-9。

图3-3 取接芽1

图3-4 取接芽2

图3-5　取接芽3

图3-6　开切口1

图3-7 开切口2

图3-8 接芽片嵌入

图3-9 绑缚，芽接完成

1. 砧木处理

实生核桃苗高度在30厘米以上的，在苗木萌芽前，一律将实生苗在离地面10厘米左右处剪断，萌芽后每株留1个壮芽，其余新芽一律抹去。

2. 嫁接时间

嫁接最佳时期为平均气温24～29℃的时期，一般为5月20日 ～ 6月20日，温度过高过低都不利于嫁接愈合。

3. 接穗采集

在生长健壮、无病虫害的母株上，选择平直、光滑、芽体饱满、叶柄基部隆起小、直径在1.0～1.5厘米的新梢剪下，去掉叶片，保留1.5～2.0厘米长的叶柄，在保湿条件较好的地方存放备用，最好现采现用。

4. 取接芽

在采好的接穗上选择充实、饱满的芽体，最好选择接穗中部接芽，先用刀平切去掉叶柄，然后在芽体的上、下各横切一刀，间距3～4厘米、刀口长2厘米，在芽体两侧各纵切一刀，成长方形切块。用大拇指压住切好的长方块形接芽的一侧，逐渐向偏上方推动，将接芽取下，取下的接芽要带有维管束。

5. 开切口

在砧木当年生的新梢上、离地面15～20厘米处选光滑的部位，先在下面横切一刀，垂直于横切刀口再向上纵切一刀，用取下的芽块作尺子，靠在砧木上的嫁接处，在上端横切一刀，开出与接芽同长的半“工”字形切口。

6. 嫁接与绑缚

撬开砧木皮层，将接芽片嵌入其中，撕掉多余的皮层。动作须迅速，尽量缩短接芽在空气中的暴露时间。然后，用1.5厘米宽的塑料条进行绑缚，使接口密封、接芽贴紧砧木，并将叶柄处包严。

7. 剪砧木

在接芽上部保留2～3片复叶，剪除砧木上部其余枝叶，并将剩余部分叶腋内的新梢和冬芽全部抹掉。

8. 接后管理

接后15～20天，接芽开始萌发，要及时解绑，以利接芽生长。当接芽新梢长到30厘米左右、有4～5片复叶时，将砧木从接芽以上全部剪掉。此后，要及时抹除从砧木上萌发的大量新芽。当接芽新梢长到40～50厘米时，要及时设立支柱，固定接穗，以防风折。

三、带木质部芽接

带木质部芽接（图3-10），在砧木不离皮时采用；削取接穗时先从芽的上方1厘米处向芽的下方斜削一刀，深入木质部，长2厘米；再在芽的下方0.5厘米处向下斜切一刀，深达第一刀处，长为0.6厘米，取下芽片；砧木切口方法与削取接穗取芽方

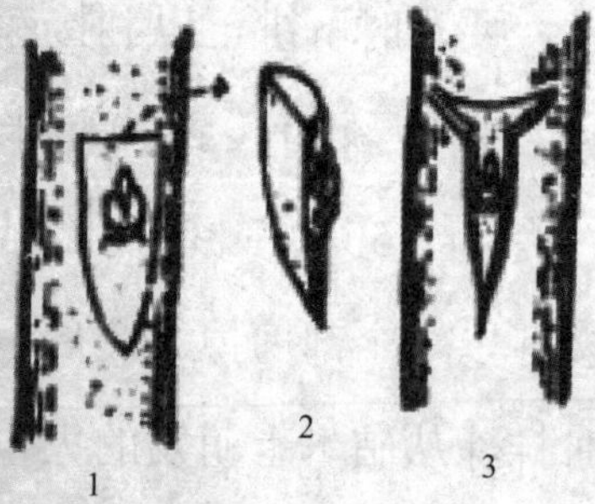

图3-10 带木质部芽接

1—削接穗；2—带木质芽片；3—插入

法相同略长，将芽片镶入，绑紧，春接的要在接芽上方2厘米处剪砧；秋接的在来年春季发芽前剪砧。

四、套芽接（环状芽接）

要求砧、穗均易离皮，由于套芽接接触面积大，易于成活，在春季树液流动后进行。常用于T字形芽接或带木质部芽接不易成活的树种，如核桃、柿等。操作方法较复杂。先从接穗枝条芽的上方1厘米左右处剪断，再从芽下方1厘米左右处用刀环切，深达木质部，然后用手轻轻扭动，使树皮与木质部脱离，抽出管状芽套。再选粗细与芽套相同的砧木，剪去上部，呈条状剥离树皮。随即把芽套套在木质部上，对齐砧木切口，再将砧木上的皮层向上包合，盖住砧木与接芽的接合部，用塑料薄膜条绑扎即可。套芽接见图3-11。

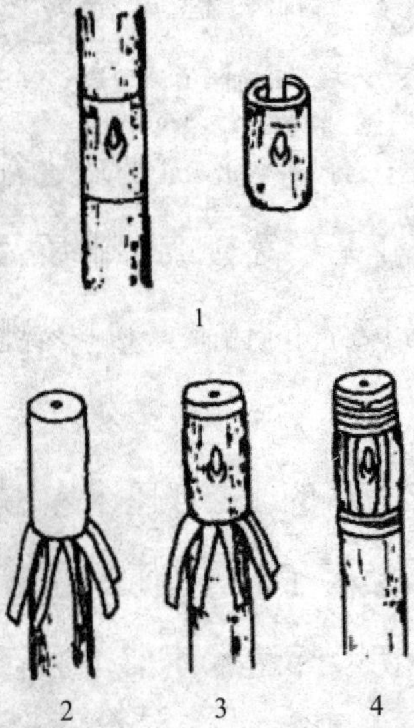

图3-11 套芽接

1—取芽片；2—削砧木；3—结合；4—包扎

第二节
枝接（硬枝接）

枝接就是把带有数芽或一芽的枝条接到砧木上。枝接的优点是成活率高，嫁接苗生长快。在砧木较粗、砧穗均不离皮的条件下多用枝接。根接和室内嫁接也多采用枝接法。与芽接相比，操作较复杂，不易掌握，而且枝接用的接穗多，对砧木要求有一定的粗度。常见的枝接方法有劈接、切接、插皮接、腹接和舌接等。

在华北地区硬枝接一般在树液开始流动至萌芽展叶期（3月上旬至4月下旬）进行。枝接方法有劈接、插皮接、切接、腹接、皮下接等。嫁接时要选择节间长短适中、发育充实的一年生枝做接穗。刀要快，操作要迅速，削面长而平，形成层要对齐，包扎紧密。

一、劈接法

常用于较粗大的砧木或高接换种。

砧木在离地面6～10厘米处锯断或剪截，断面须光滑平整，以利愈合。从断面中心直劈，自上向下分成两半（较粗的砧木可以从断面1/3处直劈下去），深3～5厘米。接穗长度留2～4芽为宜，在芽的左右两侧下部各削成长约3厘米的削面，使成楔形，使上端有芽的一侧稍厚，另一侧稍薄。然后将削好的接穗，稍厚的一边朝外插入劈口中，使形成层互相对齐，接穗削面上端应高出砧木劈口0.1厘米左右。用塑料薄膜绑缚严密。在北方干旱地区，为防水分散失影响成活，可用蜡涂封接口或培土保湿。劈接过程见图3-12～图3-23。

图3-12 剪截砧木

图3-13 剪截砧木完成

图3-14 准备接穗

图3-15 接穗剪成适宜长度

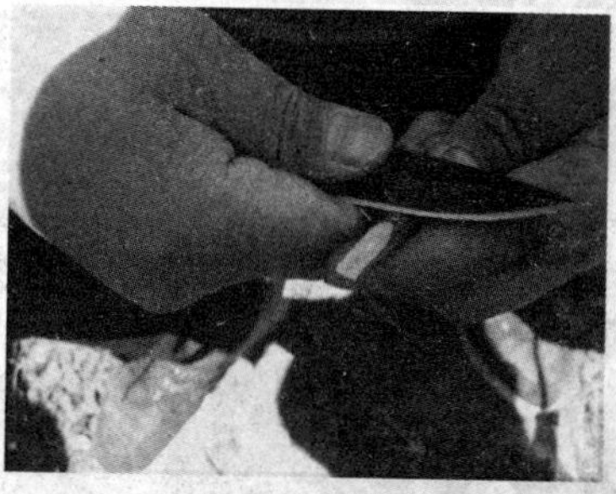

图3-16 削面1

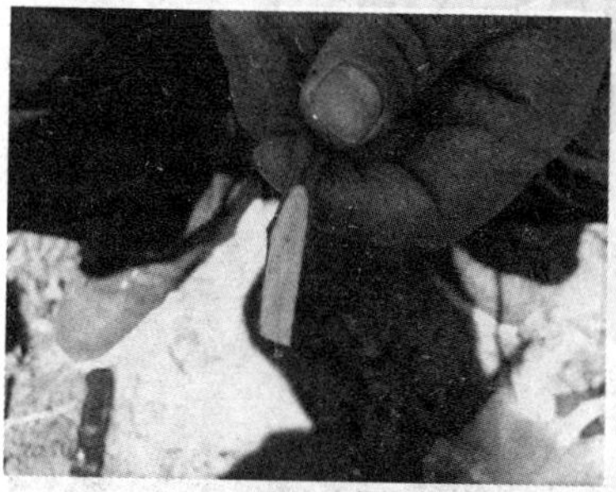

图3-17 削面2

图3-18 削面3

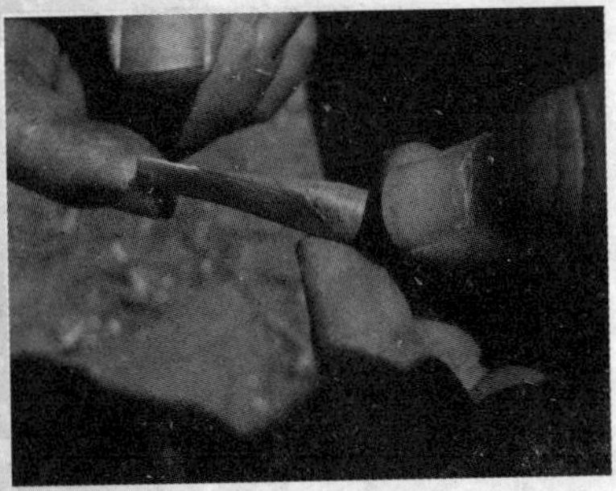

图3-19 楔形削面

图3-20 直劈断面中心

图3-21 削好接穗插入劈口

图3-22 用塑料薄膜绑缚

图3-23 绑缚完成

二、切接

1. 削接穗

取有2～4个饱满芽的接穗，先削一长4～5厘米的长削面，再在长削面的对侧，削一长0.5～1厘米左右的短削面，形成一长一短的两个削面，削面要平滑。

2. 切砧木

在砧木的欲嫁接部位选平滑处截去上端，截面削平。选树皮平整光滑的一侧，在截口的边缘向下直切，切口长度与接穗的长削面相适应，切口两侧的形成层尽量与接穗的形成层等宽。

3. 插接穗与绑缚

将削好后的接穗的长削面向内插入砧木切口，使两者形成层两侧或一侧对齐，削面露白约0.5厘米。最后用塑料条把接口包严捆紧。

切接过程见图3-24。

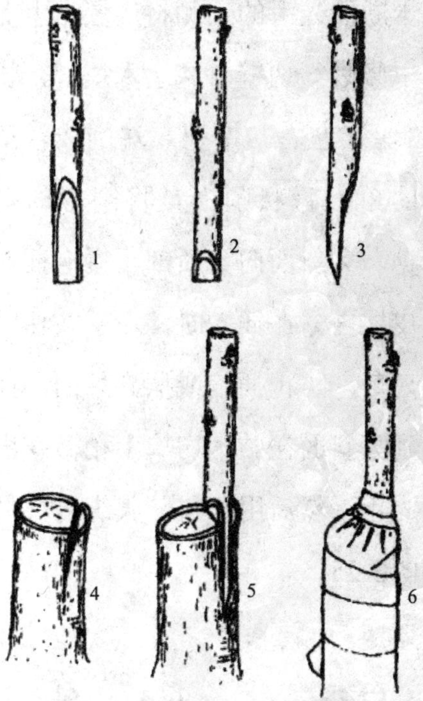

图3-24 切接过程

1—接穗一面长削面；2—接穗对面短削面；3—接穗侧面；4—砧木截口的边缘向下直切；5—削好后的接穗的长削面向内插入砧木切口；6—绑缚

三、插皮接

当砧木较粗大，皮层较厚，易于剥离时，可行插皮接。自砧木断面光滑的一侧将皮层自上而下竖划一切缝，深达木质部，长3厘米左右。接穗末端削成较薄的单面舌状削面。将削好的接穗，大斜面向木质部，慢慢插入皮层内。在插入时，左手按住竖切口，防止插偏或插到外面，插到大斜面在砧木切口上稍微露出为止。然后用塑料薄膜绑缚，见图3-25。

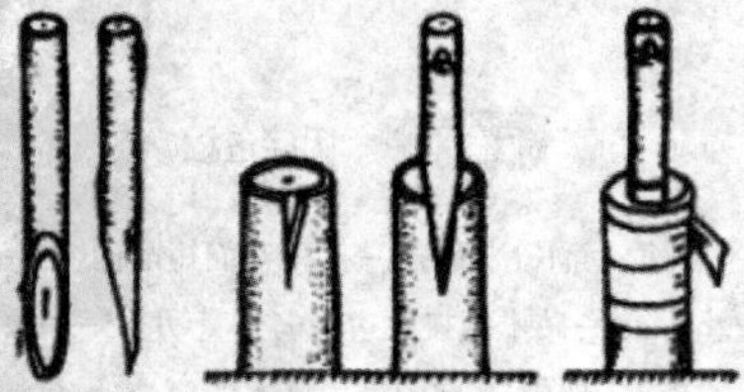

图3-25 插皮接

1—接穗；2—砧木开口；3—插入接穗；4—包扎

四、切腹接

可以不截断砧木，在枝干光秃、补枝填空时多使用此法。腹接较易掌握，操作速度较快。如果剪枝剪刀口锋利，可以只用剪枝剪进行削接穗、剪切砧木，加快嫁接速度。

1. 削接穗

取留有3～4个饱满芽的接穗，在接穗基部削长约3厘米的削面，再在其对面削1.5厘米左右的短切面，削面两侧一侧厚另一侧稍薄，厚的一侧长，薄的一侧短，切面成斜楔形。

2. 切砧木

在欲接部位选平滑处向下斜切一刀，切口长约4厘米，刀口深度达砧木粗度的1/2～2/3。

3. 插接穗和绑缚

将削好的接穗插入砧木切口中，使大斜面朝内，小斜面朝外，使接穗较厚一侧的形成层与砧木形成层对齐，最后用塑料条将接合部包严捆紧。见图3-26。

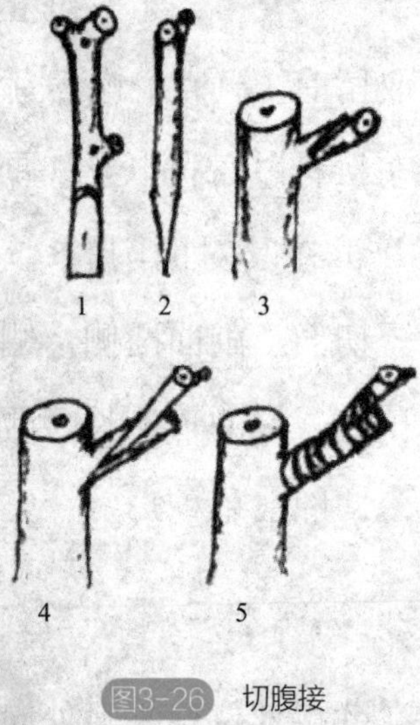

图3-26 切腹接

1—接穗削面（正面）；2—接穗削面（侧面）；3—砧木嫁接处切口；4—砧木与接穗接合状；5—绑扎

五、皮下腹接

要求砧木离皮。

1. 削接穗

在接穗下部削一个4～5厘米长的平直削面，再在其对面削一个0.5～1厘米的小削面。

2. 切砧木

在砧木的欲嫁接部位，选光滑无疤处切一“丁”字形切口，横切口与接穗削面宽度相当，纵切口略短于接穗削面，深达木质部，如果树皮太厚，可在“丁”字形口的上面削一个半圆形的斜面，便于接穗插入和接合紧密。也可用竹签插入“丁”字形接口然后拔出，这样接穗易于插入。

3. 插接穗和绑缚

将接穗插入，大削面向内。用塑料条将接合部包严捆紧。

皮下腹接过程，见图3-27。

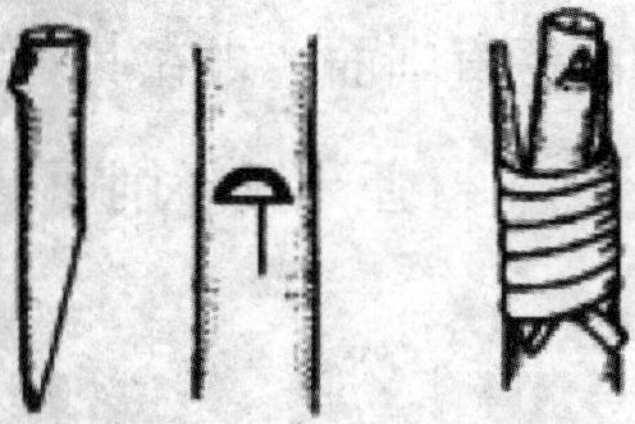

图3-27 皮下腹接

1—削接穗；2—切砧木；3—插接穗和绑缚

六、舌接（双舌接）

室内枝接多采用舌接，见图3-28。砧木用1～2年生实生苗，基部粗度1～2厘米，起苗后，于根颈以上10～15厘米平滑顺直处剪断，根系稍加修剪。

选用与砧木粗细相当的接穗，剪成15厘米左右，带有2～3个饱满芽的枝段。砧木上端与接穗下端各削成5～8厘米长的大削面，在砧、穗斜面上部1/3处分别纵切一刀，深2～3厘米，接舌适当薄些，否则接合不平。削好后立即插合，并尽量使形成层对齐。砧、穗粗度不一致时，要求对准一边形成层，最后用塑料绳捆紧绑牢，以免装土时碰歪。嫁接完后，先用高度25厘米、直径10厘米的纸袋扎紧，然后装入湿度为16%左右的湿土，基本压实，最后用直径15厘米、高度30厘米的专用聚乙烯薄膜袋，从上往下套住，在纸袋下口扎紧。若为蜡封接穗嫁接法，则在嫁接完成后，直接用塑料条把接口部位包扎严密，并绑紧。4月中旬将嫁接好的植株定植于大田，浇水后2～3天覆盖地膜。

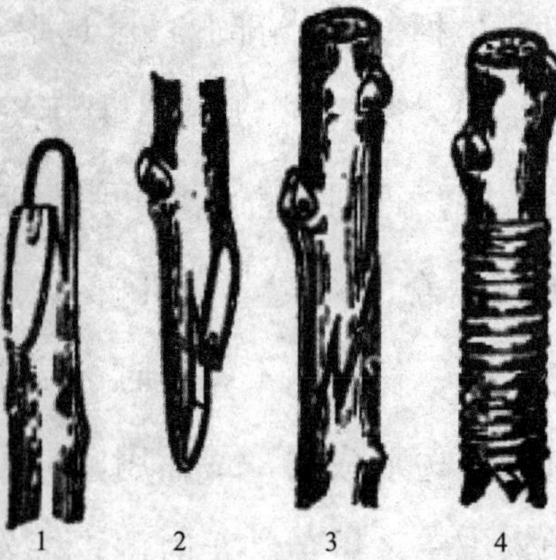

图3-28 双舌接示意图

1—砧木；2—接穗；3—插合；4—绑缚

七、插皮舌接

插皮舌接方法见图3-29。在砧木适当部位锯断（剪断），将断面用刀削平。然后将蜡封好的接穗下端削一大削面（刀口一开

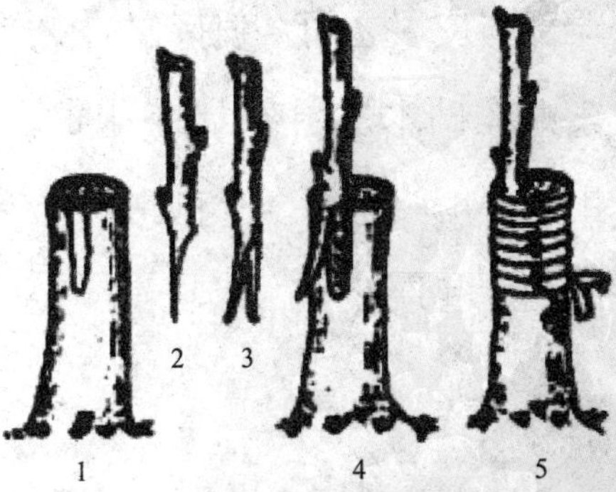

图3-29 插皮舌接示意图

1—削砧木（露出皮部）；2—削接穗；3—捏开接穗削面皮层；4—插入接穗；5—绑缚

始要向下切凹，并超过髓心，然后斜削），长6～8厘米。每一接穗保留2～3个芽。以手指将削面顶端捏开，使木质与皮层剥离。在砧木切面上选择树干光滑的一面，用刀切一月牙形，并用刀将砧木皮层上的粗皮轻轻削去，露出绿皮，月牙宽度0.8～1厘米、长5～7厘米，再把接穗的木质部插入砧木的木质部与皮层之间，使接穗的皮层紧贴在砧木皮层外面的削面上。用加厚地膜由下至上包扎，直至缠到接穗顶部。

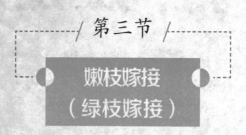

第三节 嫩枝嫁接（绿枝嫁接）

是利用果树当年半木质化的新梢作接穗进行嫁接，此方法具有接穗和砧木切削容易、工效高、嫁接适期长、繁殖速度快、嫁接成活率高等优点，主要有嫩枝劈接、嫩枝插皮接、嫩枝靠接等。

嫩枝嫁接一般以5月下旬至6月下旬为宜，太早枝条过嫩，嫁接成活率低，过晚接芽萌发所抽生的新梢生长时间短，在秋季不能正常成熟，影响安全越冬。葡萄嫩枝嫁接的适期是6月中旬至7月上旬。

葡萄嫩枝劈接：嫩枝劈接的接穗，是以优良品种的正在生长的当年生新蔓，取其上部幼嫩或未木质化部分（也可用副梢），以夏芽已明显膨大的最好，一芽一穗，芽上面留1.5厘米长，芽下留3～5厘米长，最好随采随接，提前采穗者，时间不应过久，要特别注意防止失水。先将砧木靠地表约30厘米处剪断，剪口距芽不短于5厘米，下部应留1～2节，挖去芽眼，保留叶片。然后将砧木劈开，劈口长2.5～3厘米。接穗的削法与一般劈接法相同，要剪去叶片，在芽的两侧削两个斜面，斜面长2.5～3厘米。把削好的接穗轻轻插入砧木劈口中，形成层要对齐，再用宽1厘米、长30厘米的塑料薄膜条由下往上缠绕，至接口顶端时再反转向下缠绕，将砧木、接穗仁所有的劈削部分全部缠绕严密。为减少水分蒸发，有的地方将接穗顶端的剪口用塑料布条扎住或用其他方法封住（见图3-30）。

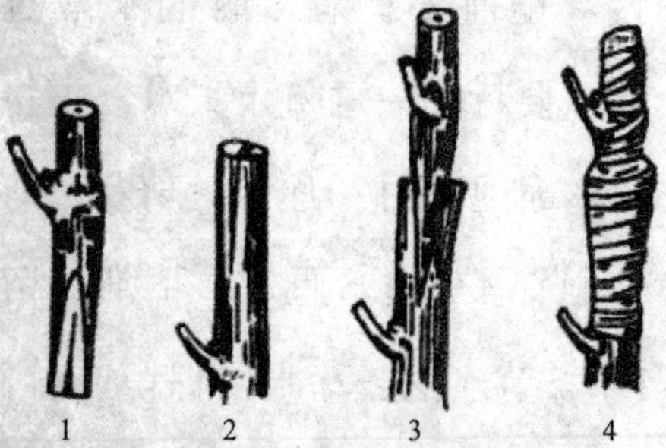

图3-30 葡萄嫩枝劈接（司祥麟等，1990）

1—削接穗；2—剪砧木切接口；3—插接穗；4—塑料带包扎

第四节 特殊嫁接

一、根接

用树根作砧木，将接穗直接接在根上。各种枝接法均可采用。根据接穗与根砧的粗度不同，可以正接，即在根砧上切接口；也可倒接，即将根砧按接穗的削法切削，在接穗上进行嫁接。见图3-31。

二、桥接

桥接是在果树枝干遭受病害或机械损伤后，用来弥补受损枝干养分输送能力的一种嫁接方法，因多数是在伤口的上下两端搭接，所以称为桥接，见图3-32～图3-35。

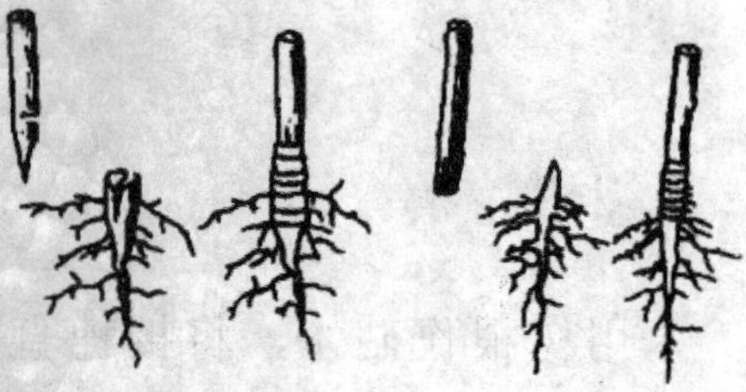

图3-31 根接

1—正接；2—倒接

图3-32 果树桥接后状1

图3-33 果树桥接后状2

图3-34 桥接果树结果状

图3-35 桥接苹果树结果状

1. 两头桥接

（1）腹接桥接法 切砧木的方法与皮下腹接相同，在树干受损部位的上部切一倒“丁”字形切口，深达木质部，在倒“丁”字形口的下面削一个半圆形的斜面，以利于插入接穗和砧、穗密接。在树干受损部位的下部切一“丁”字形切口，方法同上，但方向相反。选择同品种或同树种上的一年生充实枝条或新鲜的根段作为接穗。接穗的粗细可视具体情况而定，过粗不易操作，过细不易成活。接穗选好后，根据上下两“丁”字形口的距离剪留接穗的长度，将接穗两端按腹接的要求削成斜面。为便于接穗插入，在接穗插入前用竹签插入“丁”字形接口。插接穗的方法与腹接相同，但注意不要把接穗的生长方向搞反。接穗插入后用鞋钉固定，糊泥保湿，塑料布包扎。

（2）镶嵌桥接法　近似于镶嵌靠接法，先于枝干受损部位的上方纵划两道平行切口，深达木质部，宽度与接穗上端的粗度一致，长约5厘米。然后于平行切口下端倾斜30°左右用刀尖斜向上切入，深达木质部，将树皮挑起，保留1～1.5厘米削断。下切口与上切口的操作方法相同，但方向相反。根据砧木上下两切口的距离，截取适宜长度的接穗。将接穗上下两端各削一长削面，长度略长于砧木切口，于背面各削一个长0.8～1厘米的短削面。然后将接穗上下两端分别嵌入砧木切口内，大削面朝内，用钉固定，糊泥保湿，塑料布包扎。

2. 利用萌蘖或栽砧木苗桥接

利用伤口下的萌蘖或栽植砧木苗进行桥接。将萌蘖或苗木上端短截后用皮下腹接或镶嵌靠接法接入伤口的上部。苗木或萌蘖也可以不短截，采用靠接法进行嫁接，伤口愈合后，再将萌蘖或苗木上部剪除。

3. 利用根桥接

将根茎伤疤处下方的根挖出，反弯向上，用镶嵌桥接法或腹接桥接法，接入伤疤上面的接口，并绑扎。

三、高接换头

在品种改良，提高果树的抗寒、抗病性，弥补授粉品种不足时应用高接换头技术。常用的嫁接方法有劈接、切接、插皮接、腹接、舌接、芽接等。根据高接部位分为主干高接、骨干枝高接、多头高接等。

1. 主干高接

即在树干部位选较光滑的地方锯断，用刀把截面削平后进行嫁接，嫁接方法有劈接、切接、插皮接等，树干较粗的可以在截面的不同方位多嫁接几个接穗。此方法高接适用于树干以上部位死亡或受伤时。对于生长正常的树体，用此法进行高接换优，会破坏地下（根）与地上生长的平衡关系，对树势削弱较大，成形较慢。

2. 骨干枝高接

即在树体主干上着生的骨干大枝上嫁接。嫁接方法有劈接、切接、插皮接、腹接等。此法保留了构成原树体树形的骨干大枝，高接后整形易，成形快。

3. 多头高接

为了尽快形成树冠，提早结果，可以根据果树的整形修剪要求，在原树体的枝组或小分枝，在其上进行嫁接。主要的嫁接方法有劈接、切接、插皮接、腹接等。若大枝光秃、枝组空缺，可以用腹接、镶接、芽接等法补枝填空。

第五节 嫁接后的管理

一、芽接苗的管理

1. 检查嫁接后的成活情况

及时检查嫁接后的成活与

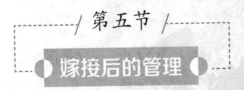

否，见图3-36。

图3-36 检查核桃嫁接后成活情况，接芽成活

2. 剪砧

一般情况下，为了保证苗木的质量，芽接好后当年不剪砧，见图3-37、图3-38。第二年春季萌芽前进行剪砧工作。在接芽上方0.5厘米处，剪除砧木，剪口要平滑，不要造成剪口劈裂。核桃当年嫁接，当年萌发，核桃进

图3-37 当年嫁接苹果苗，不剪砧

图3-38 梨当年嫁接，不剪砧

行二次剪砧，嫁接后立即在接口上方留三个复叶进行剪截，目的是促其接芽萌发。待接芽15天萌发后在接芽上方1厘米处将带叶砧木剪除，见图3-39、图3-40。

图3-39 核桃嫁接成活后春季萌芽剪砧

图3-40 核桃嫁接成活后春季萌芽剪砧后

3. 除萌

在接芽萌发的同时，及时去除砧木上的其他萌芽，保证接穗芽生长良好。要注意随萌随抹。见图3-41 ～图3-44。

图3-41 苹果嫁接后砧木上萌发的其他芽

图3-42 嫁接苹果除萌

图3-43 核桃嫁接后砧木上萌发的其他芽

图3-44 嫁接核桃除萌

4. 解除绑缚

接芽萌发到30厘米左右时解除绑缚。

5. 浇水、施肥

苗木根系较浅，抗旱性差，要做到小水勤浇，肥少施勤施。

6. 中耕除草

及时松土保墒，清除杂草。

7. 防治病虫害

对苗期易发生危害的蚜虫、红蜘蛛、食叶害虫，及时喷洒杀虫剂。对叶片褐斑病、轮纹病等可喷洒杀菌剂进行防治。

8. 出圃

嫁接苗出圃，见图3-45、图3-46。

图3-45 苗木出圃1

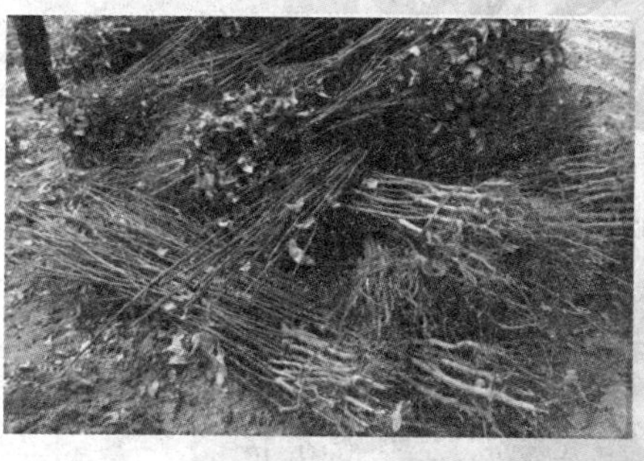

图3-46 苗木出圃2

二、枝接苗的管理

1. 解除绑缚物

当接穗芽长到40厘米左右时，为防止影响嫁接部位增粗，及时松开绑缚物，再轻轻裹好，等到接穗芽长到60厘米以上时，再彻底去除绑缚物。

2. 绑支架

如果嫁接部位比较高，新梢生长比较快时，为防止接穗新梢被风吹折，当长度达到50厘米以上时即可在砧木上绑一根竹竿或木条，方向和接穗新梢水平，将新梢固定在其上。

3. 除萌

在接芽萌发的同时，及时去除砧木上的其他萌芽，保证接穗芽生长良好。要注意随萌随抹。

4. 浇水、施肥

苗木根系较浅，抗旱性差，要做到小水勤浇，肥少施勤施。

5. 中耕除草

及时松土保墒，清除杂草。

6. 防治病虫害

对苗期易发生危害的蚜虫、红蜘蛛、食叶害虫，及时喷洒杀虫剂。对叶片褐斑病、轮纹病等可喷洒杀菌剂进行防治。

第四章

主要果树嫁接技术要点

第一节

苹果、梨嫁接技术要点

一、嫁接方法

3月上旬播种砧木种子，8月上旬至9月中旬用“丁”字形芽接、带木质芽片嫁接。接后10～15天，检查成活情况。凡叶柄一碰即落就是成活芽，可随即解除绑缚物，以免影响砧木继续加粗生长。凡叶柄僵硬不易脱落者就是未成活芽，要及时进行补接。第二年春季萌芽前剪砧，未成活的用单芽腹枝接、带木质芽接、劈接进行补接，砧木离皮后可插皮接、带木质“丁”字形芽接。采用单芽腹枝接或带木质芽接等，可用地膜绑接口，接芽处只缠一层地膜，接芽萌动后可顶破地膜生长，苗木可晚解绑，避免解绑过早对苗木造成不利影响。

培育矮化中间砧苗木可以用分次嫁接或分段嫁接、二重接、双芽靠接等方法。培育苹果速生苗，应在6月初以前芽接，6月中旬前剪砧，促使接芽萌发。

二、注意事项

由于梨的芽体较大、隆起，进行“丁”字形芽接在取接穗芽时，用刀横切中部时略深些，切断部分木质部，接芽以稍带木质部为宜。

第二节

桃、杏嫁接技术要点

一、桃、杏嫁接方法

8月中、下旬至9月中旬用“丁”字形芽接和带木质芽接法嫁接。未成活株要及时检查补接。秋季仍未芽接成活的，可在第二年春季树液开始流动至萌芽展叶期用带木质芽接等方法补接。

桃生长快，也可6月中下旬在砧木上离地面15～20厘米处进行芽接，在嫁接前5天左右浇一次水。嫁接后对砧木立即重摘心，成活后在接芽上方1厘米处折伤砧木，促使接芽很快萌发，当年可培养成100厘米左右的速成苗。

二、注意事项

桃在8月上旬前芽接，此时正处于砧木快速生长阶段，嫁接处砧木的愈伤组织生长快，包裹接芽，影响第二年萌发，因此应推迟到8月中旬至9月中旬芽接。

杏枝条皮层较薄，夏、秋芽接时，接芽不易剥离，宜用嵌芽接。杏在春季开花前1周至落花后2周嵌芽接，接后立即剪砧成活率高。嫁接部位应高些，防止定植时接口埋入土中，否则杏树患颈腐病。

第三节 核桃嫁接技术要点

一、核桃嫁接方法

常用的嫁接方法有插皮接、插皮舌接、方块形芽接等。

1. 插皮接

嫁接时间在春季核桃展叶期。嫁接时在距地面60厘米以上，把直径8～10厘米的树干或主枝截断，主枝保留10～15厘米。对于1～2年生的实生苗，嫁接前，在距地面50～60厘米处剪断主干。先在下部树干上斜开2～3道放水口，用快刀将树干断口削平滑。将蜡封好的接穗下端0.5厘米左右的蜡头剪去，然后在离下端6～8厘米处用刀削一个马耳形削面，刀口一开始要向下切凹，并超过髓心，然后斜削，反过来在背面离基部0.5厘米左右处下刀，削尖基部，每一接穗保留2～3个芽。嫁接时，在砧木平滑的断面下纵向割一刀，长达4～5厘米，然后将削好的接穗插入纵切口的皮层与木质部之间，接口处露出接穗削面约0.3厘米。嫁接部位大枝直径在3厘米以下的插1个接穗，直径3～6厘米的插2个接穗，6厘米以上的插3个接穗。插入接穗后，用塑料条包严。接后对砧木上的萌蘖及时疏除，防止萌蘖与接穗争夺养分。新梢长至20

厘米左右时，绑上支棍，并对接穗及时松绑。

2. 插皮舌接

在春季砧木与接穗均离皮后进行。砧木在嫁接部位截断，将截面削平。然后将蜡封好的接穗下端削一大削面（刀口一开始要向下切凹，并超过髓心部，然后斜削），长6～8厘米，每一接穗保留2～3个芽，将削面顶端捏开，使皮层与木质部剥离。在砧木截面上选择树干光滑的一面，切一宽0.8～1厘米、长5～7厘米的月牙，并将砧木皮层上的粗皮轻轻削去，露出绿皮，再把接穗的木质部插入砧木的木质部与皮层之间，使接穗的皮层紧贴在砧木皮层外面的削面上。包扎时可用加厚地膜由下至上包扎，直至缠到接穗顶部；也可用地膜包扎后再用废报纸扎成筒状，下部扎紧，筒长超过接穗5～10厘米，在筒内装入湿土，轻轻捣实。土的高度超过接穗3～5厘米，湿度以手捏成团、放手松散为宜，上部扎紧，套上塑料袋。

3. 方块形芽接

嫁接前需要对砧木进行预处理，树龄不同，处理方法不同。2年生以下的树于春季萌芽前，在主干上离地面30～40厘米处截断，萌芽后留2～3根新梢，其余抹去；3年生以上的树，于春季发芽前15天内，按照预定培养树形，将要保留的主枝留

8～10厘米全部剪断，萌芽后每主枝留1个新梢，在第一层主枝以上将中心干保留15～20厘米截断，萌芽后保留2个新梢。

（1）嫁接时间　最佳嫁接时期为温度稳定在25～28℃时，温度过高过低都不利于嫁接愈合。一般在5月中旬至6月下旬，此时温、湿度条件适宜，砧、穗生长旺盛，接后容易形成愈伤组织，接芽萌动快，生长量大，木质化程度高，有利于安全过冬。

（2）接穗采集　在品种纯正、生长健壮、无病虫害的母株上，选择平直、光滑、芽体饱满、叶柄基部隆起小、直径为1～1.5厘米的新梢作为接穗，去掉叶片，保留1.5～2厘米长的叶柄，在保湿条件较好的地方储存备用。

（3）取接芽　在采好的接穗上选择充实、饱满的芽体，用刀在叶柄基部平切叶柄1/3，然后掰掉叶柄，在芽体的上、下各横切一刀，间距3～4厘米，然后在芽体右侧上方横切口处用刀挑起约2毫米宽的皮层，用刀与手指夹住后撕下。捏住芽体向左推，使芽体与手指夹住后撕下的皮层与木质部剥离，剥离处过芽体后，撕下一方块形的接芽，取下的接芽要带有维管束。见图4-1、图4-2。

（4）开切口　在砧木当年生的新梢上选光滑的部位，先在下面横切一刀，以取下的接芽块作尺子，靠在砧木上，上端与砧木的横切口对齐，下端再横切一

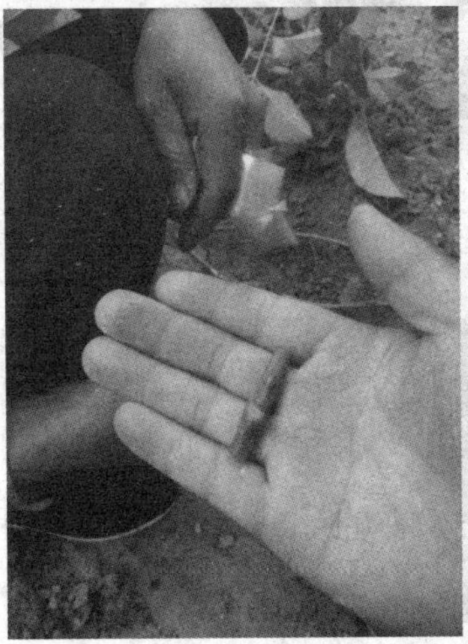

图4-1　取下的方块接芽（正面）

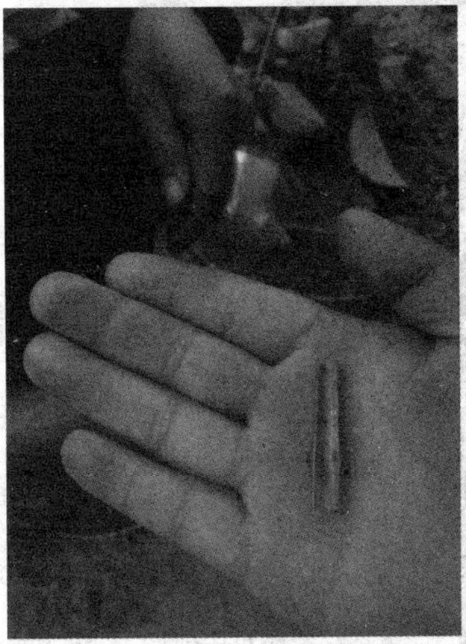

图4-2　取下的方块接芽（背面）

刀，在上部横切刀口一端向下再纵切一刀，长度超过下部横切口2厘米左右，开出与接芽同长的半“工”字形切口。

（5）嫁接与绑缚　挑开砧木皮层，将接芽片嵌入其中，撕掉多余的砧木皮层。然后用塑料条绑缚，使接口密封，接芽贴紧砧木，见图4-3。动作须快，尽量缩短接芽在空气中的暴露时间。

（6）剪砧木　在接芽上部保留2～3片复叶，剪除砧木上部其余枝叶，并将剩余部分叶腋内的新梢或冬芽全部抹掉。见图4-4。

（7）接后管理　接后15～20天，接芽开始萌发，要及时解

图4-3 嫁接（方块芽接）绑缚完成状

图4-4 嫁接后接芽上部保留2～3片复叶，同时剪除砧木上部其余枝叶

绑，以利于接芽生长。当接芽新梢长至30厘米左右、有4～5片复叶时，将砧木从接芽以上全部剪掉。此后，要及时抹除从砧木上萌发的大量新芽。当接芽新梢长至40～50厘米时，及时立支柱固定，以防风折。

二、注意事项

核桃的嫁接成活率较低，其原因是核桃的枝条髓心大，叶痕突起，取芽困难；芽内维管束容易脱落；枝条的形成层薄，韧皮部与木质部分离时形成层细胞多附在韧皮部上；树体内单宁含量高，切面易氧化而形成隔层愈伤组织形成的慢；具有伤流的特点，在休眠期更为严重。在嫁接时应注意以下问题。

1. 采集接穗

核桃接穗的采集时期，因嫁接方法不同而异。硬枝嫁接所用的接穗，从核桃落叶后至翌年春萌芽前均可采集。因各个地区气候条件不同，采集的具体时间亦有所不同，冬季抽条严重和冬季及早春枝条易受冻害的地区，应在秋末冬初采穗；冬季抽条和寒害轻微的地区，可在春季萌芽前采集。芽接所用接穗多在夏季随用随采，如需短暂储藏或运输时，应采取保护措施，但储藏时间一般4～5天。储藏时间越长，成活率越低。

2. 选择适宜的嫁接时期

在土壤解冻砧木根系开始活动后，核桃的伤流严重，会影响愈伤组织形成，此时进行嫁接很难成活。因此，应当在伤流很少或无伤流的时期嫁接，一般砧木在萌芽展叶之后，旺盛生长期，伤流较少，形成层活跃，生理活动旺盛，有利于伤口愈合。根据这个特点，枝接多在萌芽展叶期（4月下旬至5月上旬）进行。

3. 引导伤流

根据砧木的粗度，在砧木基部周围刻2～3刀，深达木质部，使伤流从刀口流出。

4. 其他

嫁接时削面要平滑，操作要快，包扎要严密。

第四节 枣嫁接技术要点

一、枣嫁接方法

1. 枝接

枝接一般在春季萌芽前进行。枝接方法主要有劈接、腹接等。

（1）劈接法　将下端削成长3厘米的两面相等的楔形削面，从砧木横截面中间劈开切口，将削好的接穗插入砧木切口内，使砧木、接穗的形成层对齐，并用塑料条缠紧绑严。

（2）腹接法　接穗削成两

个不等长的削面，长削面约3厘米，短削面约1.5厘米。选砧木平滑处用剪枝剪向下剪一切口，切口与砧木成40°夹角。将接穗插入，接穗长削面向里，使其形成层与砧木形成层对齐。将砧木从接口上约1厘米处剪断，最后用塑料条包严绑紧。

2. 芽接

芽接一般是在生长季节主芽形成后，用当年主芽嫁接的方法，也称T字形芽接法。如用上一年的接穗，也可在春季枣树萌芽后进行芽接，因取芽片难以带全维管束，一般都采用带木质芽接，也称嵌芽接。7月份以前嫁接成活的砧木可在接芽上方剪去本砧，当年仍能长成成熟的嫁接苗，8月份后嫁接成活的砧木当年不剪砧，否则嫁接苗因木质化程度低难越冬，待来年春天发芽前再剪砧。

注意事项：嫁接前1周，砧木地施肥灌水1次，并将砧木基部二次枝及多余根蘖去掉。

二、嫁接后枣苗的管理

① 从苗木嫁接后到接穗萌芽约2周内，养分相对集中，在砧木基部会萌发出幼芽，应及时清除，以利接穗的萌芽和生长。

② 用二次枝做接穗的嫁接苗，粗壮的可能直接长出枣头，也有部分可先长出枣吊，为刺激主芽生成枣头，要从枣吊基部约0.5厘米处将枣吊剪去。

③ 采用插皮接和芽接方

法嫁接的枣苗，当嫁接苗长到15～20厘米时应及时用木棍或细竹竿绑扶，以防风折。风大地区，劈接或腹接的苗木也需绑扶。

④ 当嫁接苗木与砧木愈合牢固后，用小刀纵向割断缠绕的塑料薄膜，防苗木加粗生长出现缢痕，影响苗木生长。

⑤ 6～7月份应及时追肥，追肥后及时浇水。

⑥ 防治害虫。嫁接苗萌芽后可能出现食芽象甲、绿盲椿、枣瘿蚊、刺蛾类等食叶害虫及红蜘蛛和枣锈病的为害，须及时防治。

第五节

葡萄嫁接技术要点

一、葡萄嫁接方法

多采用嫩枝劈接法，嫩枝接的最适温度为15～20℃，在砧木和接穗均稍木质化或半木质化时进行，一般从5月中旬至7月上旬，最适期在葡萄开花前半个月至花期，这时正处于新梢第一次生长高峰期，也是新梢生长最活跃的时期，过早气温低，过晚嫁接萌发的新梢成熟度不够，影响越冬。

嫁接时，将作为接穗的新梢

在每一节上方2厘米处断开，放在盛有凉水的盆中，然后用嫩枝劈接法嫁接。包扎时将塑料条从砧木切口最下端开始缠绑，由下往上缠绕，至接口时继续向上，绕过接芽到接穗上剪口，将上剪口包严后再反转向下，在叶柄上打结，只将叶柄、接芽裸露，其余部分全部用塑料条包严，成活后叶柄脱落而自动解绑。或将接口绑紧，然后套上一个塑料袋。套袋法特别适于接穗较嫩不宜包扎时，同时套袋还可以提高接口温度。

二、注意事项

葡萄的枝条是不正的方形，有背面、腹面、沟面和平面四个面。葡萄枝条有平面的横极性和斜面的先端性。无论砧木或接穗的顶端或基端，在断面的不同部位愈合组织的形成过程各不相同。如果断面与枝条垂直而不具倾斜的角度时，在葡萄枝条的断面上的腹面最先发生愈合组织，其次为背面、平面与沟面，这就是平面的横极性。腹面组织发达，含营养物质较多，形成愈合组织块。嫁接时要注意枝条的极性，切削斜面的尖端位于葡萄枝条腹面为好；砧、穗接合部位宜置于枝条的腹面。葡萄嫩枝接前3～5天对砧木新梢摘心，以促进嫩梢半木质化；嫁接前2～3天给砧木灌足水，接后还需灌1次透水。

第六节

柿树嫁接技术要点

一、柿树嫁接方法

嫁接的时期因方法、地区而不同。枝接于春季萌芽前后进行，北方多在3月下旬至4月上旬，常用劈接、皮下接和腹接法。芽接6～9月可用嵌芽接、方块芽接、套接和丁字形芽接。

柿树嫁接，春季多采用枝接（切腹接、皮下接、劈接等）和带木质芽接，夏季多采用丁字形芽接或方块形芽接，也可采用带木质芽接等方法。嫁接成活柿树见图4-5。

图4-5 柿树嫁接成活

二、注意事项

① 柿砧穗富含单宁，切面在空气中氧化生成隔膜，阻碍营养物质的交换和愈伤组织的形成，降低成活率，嫁接技术要熟练，速度要快。

② 应选粗壮充实、皮部厚而营养丰富的枝条作接穗，枝接时应蜡封接穗，或用塑料薄膜全部包护。芽接时选饱满芽嫁接，成活率高。

③ 枝接砧穗削面长则结合

面大，芽接时削芽片要稍大些以利于成活。

④ 砧穗（芽）形成层对准对齐，结合部绑紧绑严，可促进成活。

第七节 樱桃嫁接技术要点

一、嫁接时期

春季嫁接、夏季嫁接及秋季嫁接均可。

春季嫁接在3月下旬前后，树液开始流动时。此期多采用带木质部芽接、单芽切腹接或劈接法；夏季嫁接在6月下旬至7月

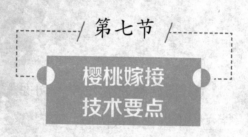

上旬，时间15～20天，此期多采用带木质部芽接、“T”字形接或板片芽接；秋季通常在9月中下旬至10月上旬，采取的嫁接方法多为木质部芽接，培育的为芽苗，即通常说的半成品苗。

二、苗木嫁接方法

芽接时先削取芽片，再切割砧木，然后取下芽片插入砧木接口，及时绑缚。多采用“T”形芽接法、板片芽接法、带木质部芽接法。

（1）“T”形芽接法

① 削取接穗芽片。甩芽接刀在接穗芽上方1.0～1.5厘米处横切一刀，深达木质部，然后从芽的下方1.5～2.0厘米处顺枝条方向斜切一刀，取下芽片。

② 切砧木“T”形切口。选择粗度在1厘米左右的砧木苗，在其背阴面距地面2～3厘米处，选择光滑处横切一刀，呈“T”字形。

③ 插接芽与绑缚。用刀尖拨开切口两侧皮层，将接芽平滑插入砧木皮层内，接芽上方与砧木的横切口平齐。最后用塑料条包扎严密。

（2）板片芽接　这种方法全年均可使用。选择粗度在0.7厘米以上的砧木，距地面10厘米处选一光滑面，从下向上轻轻削成长2.5厘米左右、深2毫米左右（以露出黄绿色皮层为度）的长椭圆形削面，切好后不要取下芽片，用拇指轻按使其暂时贴在原处。

从接芽下方1.5厘米处轻轻向上从接穗上削下，长度2.5厘米，深度1～2毫米，呈长椭圆形。

将砧木削下的芽片取下，迅速把接芽贴于砧木切口上，使二者的形成层对齐，用塑料条包严绑紧。

（3）带木质部芽接　带木质部芽接成活率较高，不受嫁接时间的限制，自春季到秋季均可进行，是繁殖甜樱桃的主要嫁接方法。

在接穗芽的上方1～1.2厘米处向下斜削一刀，刀口超过芽1～1.5厘米，再在芽的下方0.8厘米处横着向下45°斜切一刀，接芽可暂时不取下。在砧木上距离地面2～3厘米选择光滑处，按同样的方法削取一个比接芽稍长的木质芽块。取下接穗上的接芽放到砧木的切口处，用塑料条包严绑紧。

参考文献

［1］杜纪壮. 图说北方果树嫁接. 北京：金盾出版社，2012.

［2］北京现代市场经济研究中心. 中国农业科技种植养殖百科全书·第二卷. 北京：世图音像电子出版社，2002.

［3］束怀瑞等. 苹果学. 北京：中国农业出版社，1999.

［4］高新一. 果树嫁接新技术. 北京：金盾出版社，2009.

［5］张玉星. 果树栽培学各论·北方本. 北京：中国农业出版社，2003.

［6］陈敬谊. 苹果（梨、桃、枣等）优质丰产栽培实用技术. 北京：化学工业出版社，2016.